초등 2-1

먼저 읽어 보고 다양한 의견을 준 학생들 덕분에 『수학의 미래』가 세상에 나올 수 있었습니다.

강소을	서울공진초등학교	김대현	광명가림초등학교	김동혁	김포금빛초등학교
김지성	서울이수초등학교	김채윤	서울당산초등학교	김하율	김포금빛초등학교
박진서	서울북가좌초등학교	변예림	서울신용산초등학교	성민준	서울이수초등학교
심재민	서울하늘숲초등학교	오 현	서울청덕초등학교	유하영	일산 홈스쿨링
윤소윤	서울갈산초등학교	이보림	김포가현초등학교	이서현	서울경동초등학교
이소은	서울서강초등학교	이윤건	서울신도초등학교	이준석	서울이수초등학교
이하은	서울신용산초등학교	이호림	김포가현초등학교	장윤서	서울신용산초등학교
장윤수	서울보광초등학교	정초비	안양희성초등학교	천강혁	서울이수초등학교
최유현	고양동산초등학교	한보윤	서울신용산초등학교	한소윤	서울서강초등학교
황서영	서울대명초등학교				

그 밖에 서울금산초등학교, 서울남산초등학교, 서울대광초등학교, 서울덕암초등학교, 서울목원초등학교, 서울서강초등학교, 서울은천초등학교, 서울자양초등학교, 세종은빛초등학교, 인천계양초등학교 학생 여러분께 감사드립니다.

1 '수학의 시대'에 필요한 진짜 수학

여러분은 새로운 시대에 살고 있습니다. 인류의 삶 전반에 큰 변화를 가져올 '제4차 산업혁명'의 시대 말입니다. 새로운 시대에는 시험 문제로만 만났던 '수학'이 우리 일상의 중심이 될 것입니다. 영국 총리 직속 연구위원회는 "수학이 인공 지능, 첨단 의학, 스마트 시티, 자율 주행 자동차, 항공 우주 등 제4차 산업혁명의 심장이 되었다. 21세기 산업은 수학이 좌우할 것"이라는 내용의 보고서를 발표하기도 했습니다. 여기서 말하는 '수학'은 주어진 문제를 풀고 답을 내는 수동적인 '수학'이 아닙니다. 이런 역할은 기계나 인공 지능이 더 잘합니다. 제4차 산업혁명에서 중요하게 말하는 수학은 일상에서 발생하는 여러 사건과 상황을 수학적으로 사고하고 수학 문제로 바꾸어 해결할 수 있는 능력, 즉 일상의 언어를 수학의 언어로 전환하는 능력입니다. 주어진 문제를 푸는 수동적 역할에서 벗어나 지식의 소유자, 능동적 발견자가 되어야 합니다.

『수학의 미래』는 미래에 필요한 수학적인 능력을 키워 줄 것입니다. 하나뿐인 정답을 찾는 것이 아니라 문제를 해결하는 다양한 생각을 끌어내고 새로운 문제를 만들 수 있는 능력을 말입니다. 물론 새 교육과정과 핵심 역량도 충실히 반영되어 있습니다.

2 학생의 자존감 향상과 성장을 돕는 책

수학 때문에 마음에 상처를 받은 경험이 누구에게나 있을 것입니다. 시험 성적에 자존심이 상하고, 너무 많은 훈련에 지치기도 하고, 하고 싶은 일이나 갖고 싶은 직업이 있는데 수학 점수가 가로막는 것 같아 수학이 미워지고 자신감을 잃기도 합니다.

이런 수학이 좋아지는 최고의 방법은 수학 개념을 연결하는 경험을 해 보는 것입니다. 개념과 개념을 연결하는 방법을 터득하는 순간 수학은 놀랄 만큼 재미있어집니다. 개념을 연결하지 않고 따로따로 공부하면 공부할 양이 많게 느껴지지만 새로운 개념을 이전 개념에 차근차근 연결해 나가면 머릿속에서 개념이 오히려 압축되는 것을 느낄 수 있습니다.

이전 개념과 연결하는 비결은 수학 개념을 친구나 부모님에게 설명하고 표현하는 것입니다. 이 과정을 통해 여러분 내면에 수학 개념이 차곡차곡 축적됩니다. 탄탄하게 개념을 쌓았으므로 어떤 문제 앞에서도 당황하지 않고 해결할 수 있는 자신감이 생깁니다.

『수학의 미래』는 수학 개념을 외우고 문제를 푸는 단순한 학습서가 아닙니다. 여러분은 여기서 새로운 수학 개념을 발견하고 연결하는 주인공 역할을 해야 합니다. 그렇게 발견한 수학 개념을 주변 사람들에게나 자신에게 항상 소리 내어 설명할 수 있어야 합니다. 설명하는 표현학습을 통해 수학 지식은 선생님의 것이나 교과서 속에 있는 것이 아니라 여러분의 것이 됩니다. 자신의 것으로 소화하게 된다는 말이지요. 『수학의 미래』는 여러분이 수학적 역량을 키워 사회에 공헌할 수 있는 인격체로 성장할 수 있게 도와줄 것입니다.

3 스스로 수학을 발견하는 기쁨

수학 개념은 처음 공부할 때가 가장 중요합니다. 처음부터 남에게 배운 것은 자기 것으로 소화하기가 어렵습니다. 아직 소화하지도 못했는데 문제를 풀려 들면 공식을 억지로 암기할 수밖에 없습니다. 좋은 결과를 기대할 수 없지요.

『수학의 미래』는 누가 가르치는 책이 아닙니다. 자기 주도적으로 학습해야만 이 책의 목적을 달성할 수 있습니다. 전문가에게 빨리 배우는 것보다 조금은 미숙하고 늦더라도 혼자 힘으로 천천히 소화해 가는 것이 결과적으로는 더 빠릅니다. 친구와 함께할 수 있다면 더욱 좋고요.

『수학의 미래』는 예습용입니다. 학교 공부보다 2주 정도 먼저 이 책을 펼치고 스스로 할 수 있는 데까지 해냅니다. 너무 일찍 예습을 하면 실제로 배울 때는 기억이 사라져 별 효과가 없는 경우가 많습니다. 2주 정도의 기간을 가지고 한 단원을 천천히 예습할 때 가장 효과가 큽니다. 그리고 부족한 부분은 학교에서 배우며 보완합니다. 이 책을 가지고 예습하다 보면 의문점도 많이 생길 것입니다. 그 의문을 가지고 수업에 임하면 수업에 집중할 수 있고 확실히 깨닫게 되어 수학을 발견하는 기쁨을 누리게 될 것입니다.

전국수학교사모임 미래수학교과서팀을 대표하여
최수일 씀

복잡하고 어려워 보이는 수학이지만 개념의 연결고리를 찾을 수 있다면 쉽고 재미있게 접근할 수 있어요. 멋지고 튼튼한 집을 짓기 위해서 치밀한 설계도가 필요한 것처럼 여러분 머릿속에 수학의 개념이라는 큰 집이 자리 잡기 위해서는 체계적인 공부 설계가 필요하답니다. 개념이 어떻게 적용되고 연결되며 확장되는지 여러분 스스로 발견할 수 있도록 선생님들이 꼼꼼하게 설계했어요!

단원 시작

수학 학습을 시작하기 전에 무엇을 배울지 확인하고 나에게 맞는 공부 계획을 세워 보아요. 선생님들이 표준 일정을 제시해 주지만, 속도는 목표가 될 수 없습니다. 자신에게 맞는 공부 계획을 세우고, 실천해 보아요.

복습과 예습을 한눈에 확인해요!

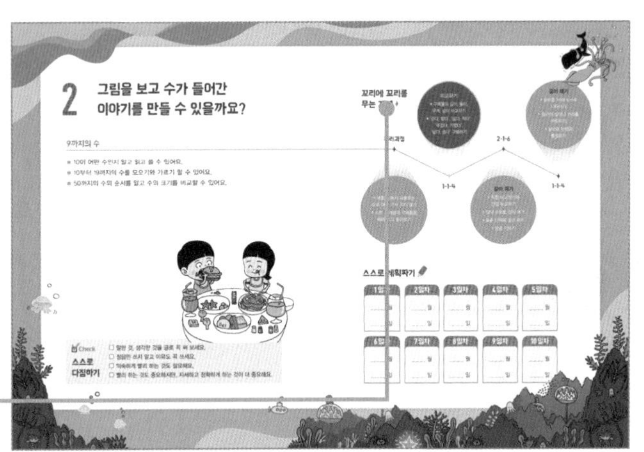

기억하기

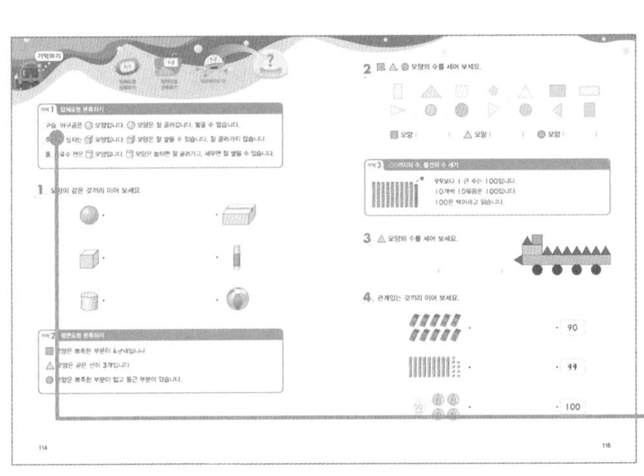

새로운 개념을 공부하기 전에 이전에 배웠던 '연결된 개념'을 꼭 확인해요. 아는 내용이라고 지나치지 말고 내가 제대로 이해했는지 확인해 보세요. 새로운 개념을 공부할 때마다 어떤 개념에서 나왔는지 확인하는 습관을 가져 보세요. 앞으로 공부할 내용들이 쉽게 느껴질 거예요.

배웠다고 만만하게 보면 안 돼요!

생각열기

새로운 개념과 만나기 전에 탐구하고 생각해야 풀 수 있는 '열린 질문'으로 이루어져 있어요. 처음에는 생각해 내기 어려울 수 있지만 개념 연결과 추론을 통해 문제를 해결할 수 있다면 자신감이 두 배는 생길 거예요. 한 가지 정답이 아니라 다양한 생각, 자유로운 생각이 담긴 나만의 답을 써 보세요. 깊게 생각하는 힘, 수학적으로 생각하는 힘이 저절로 커져서 어떤 문제가 나와도 당황하지 않게 될 거예요.

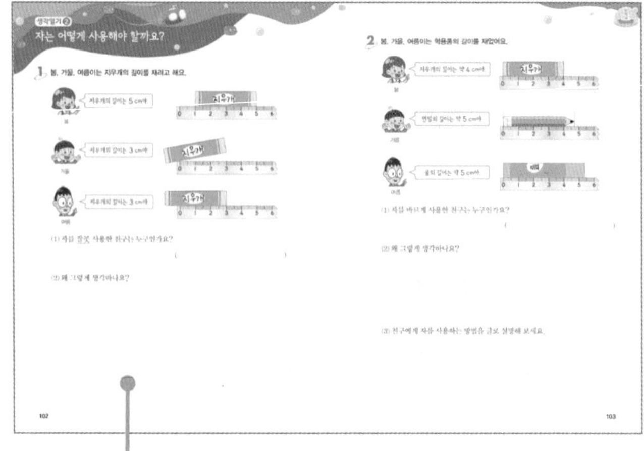

내 생각을 자유롭게 써 보아요!

개념활용

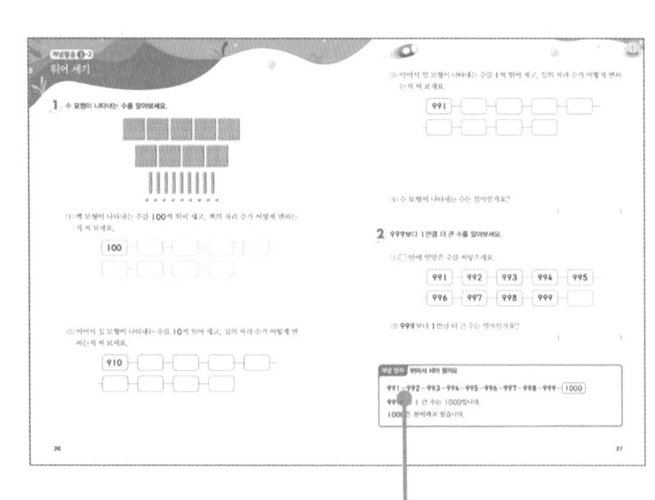

'생각열기'에서 나온 개념이나 정의 등을 한눈에 확인할 수 있게 정리했어요. 또한 개념이 적용된 다양한 예제를 통해 기본기를 다질 수 있어요. '생각열기'와 짝을 이루어 단원에서 배워야 할 주요한 개념과 원리를 알려 주어요.

개념의 핵심만 추렸어요!

표현하기·선생님 놀이

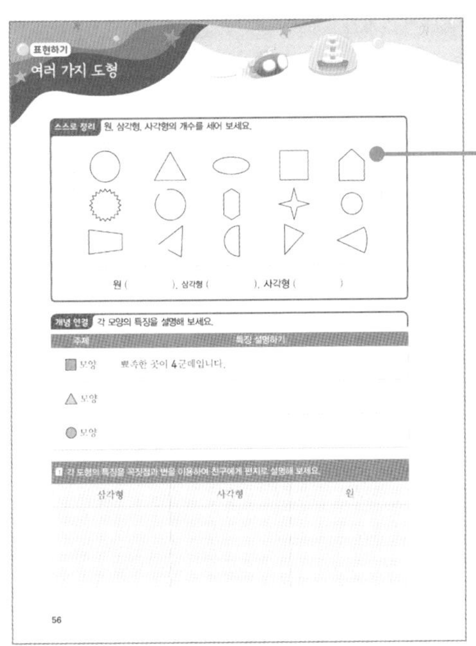

표현하기

여러 가지 도형

스스로 정리 원, 삼각형, 사각형의 개수를 세어 보세요.

원 ( ), 삼각형 ( ), 사각형 ( )

개념 연결 각 모양의 특징을 설명해 보세요.

주제	특징 설명하기
■ 모양	뾰족한 곳이 4군데입니다.
▲ 모양	
● 모양	

각 도형의 특징을 꼭짓점과 변을 이용하여 친구에게 편지로 설명해 보세요.

삼각형 사각형 원

56

혼자 힘으로 정리하고 연결해요!

새로 배운 개념을 혼자 힘으로 정리하고, 관련된 이전 개념을 연결해요. 수학 개념은 모두 연결되어 있어서 그 연결고리를 찾아가다 보면 '아, 그렇구나!' 하는, 공부의 재미를 느끼는 순간이 찾아올 거예요.

선생님 놀이

1 칠교판에 어떤 도형이 있고, 각각의 개수는 몇 개인지 설명해 보세요.

2 쌓기나무로 만든 모양을 만들고, 설명해 보세요.

57

친구나 부모님에게 설명해 보세요!

문제를 모두 풀었다고 해도 설명을 할 수 없으면 이해하지 못한 거예요. '선생님 놀이'에서 말로 설명을 하다 보면 내가 무엇을 모르는지, 어디서 실수했는지를 스스로 발견하고 대비할 수 있어요.

단원평가

개념을 완벽히 이해했다면 실제 시험에 대비하여 문제를 풀어 보아요. 다양한 문제에 대처할 수 있도록 난이도와 문제의 형식에 따라 '기본'과 '심화'로 나누었어요. '기본'에서는 개념을 복습하고 확인해요. '심화'는 한 단계 나아간 문제로, 일상에서 벌어지는 다양한 상황이 문장제로 나와요. 생활 속에서 일어나는 상황을 수학적으로 이해하고 식으로 써서 답을 내는 과정을 거치다 보면 내가 왜 수학을 배우는지, 내 삶과 수학이 어떻게 연결되는지 알 수 있을 거예요.

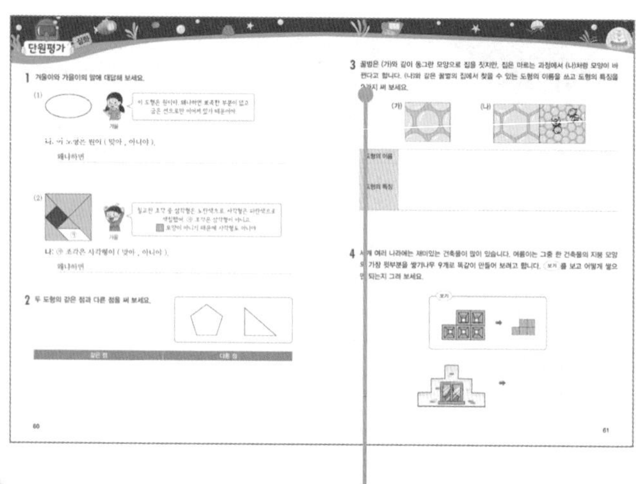

문장제까지 해결하면 자신감이 쑥쑥!

해설

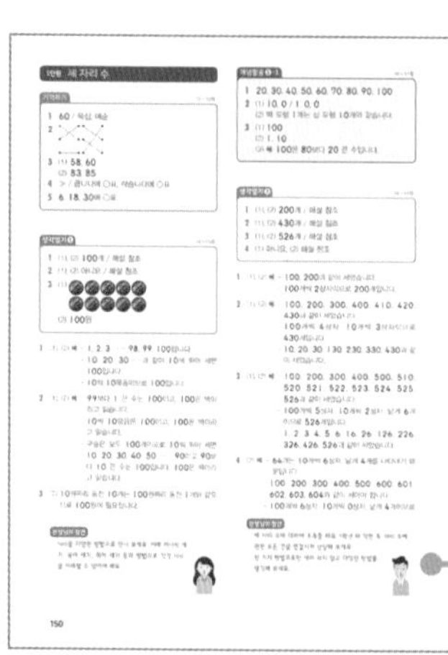

『수학의 미래』는 혼자서 개념을 익히고 적용할 수 있도록 설계되었기 때문에 해설을 잘 활용해야 해요. 문제를 푼 후에 답과 해설을 확인하여 여러분의 생각과 비교하고 수정해보세요. 그리고 '선생님의 참견'에서는 선생님이 문제를 낸 의도를 친절하게 설명했어요. 의도를 알면 문제의 핵심을 알 수 있어서 쉽게 잊히지 않아요.

문제의 숨은 뜻을 꼭 확인해요!

차례

1 팔찌를 만든 구슬의 수는 얼마나 될까요?

세 자리 수

- 세 자리 수를 읽을 수 있고 쓸 수 있고 크기도 알 수 있어요.
- 같은 숫자라도 자리에 따라 값이 달라지는 것을 알 수 있어요.

Check

스스로 다짐하기

- ☐ 말한 것, 생각한 것을 글로 꼭 써 보세요.
- ☐ 정답만 쓰지 말고 이유도 꼭 써 보세요.
- ☐ 익숙하게 빨리 하는 것도 필요해요.
- ☐ 빨리 하는 것도 중요하지만, 자세하고 정확하게 하는 것이 더 중요해요.

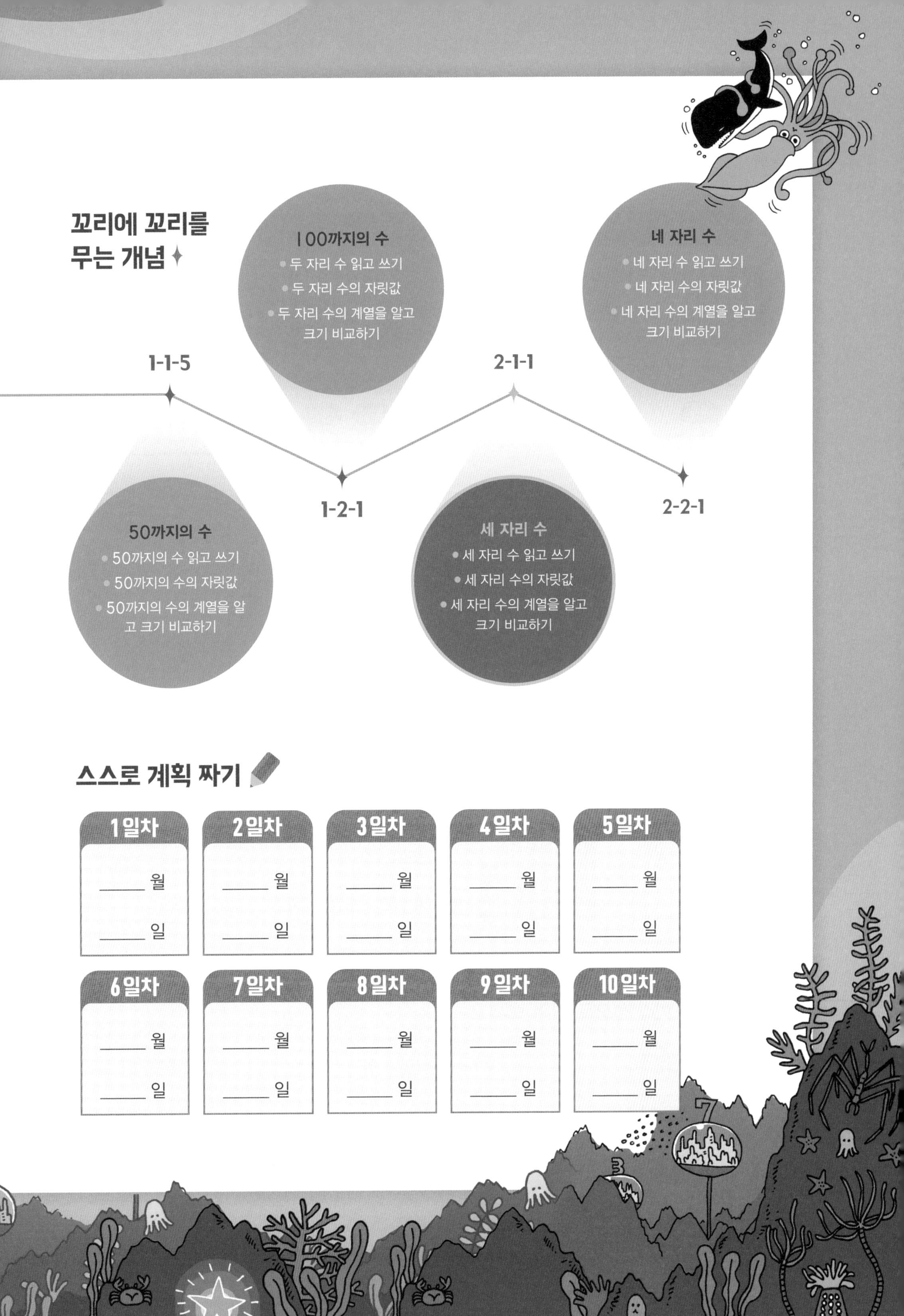

꼬리에 꼬리를 무는 개념

1-1-5
50까지의 수
- 50까지의 수 읽고 쓰기
- 50까지의 수의 자릿값
- 50까지의 수의 계열을 알고 크기 비교하기

1-2-1
100까지의 수
- 두 자리 수 읽고 쓰기
- 두 자리 수의 자릿값
- 두 자리 수의 계열을 알고 크기 비교하기

2-1-1
세 자리 수
- 세 자리 수 읽고 쓰기
- 세 자리 수의 자릿값
- 세 자리 수의 계열을 알고 크기 비교하기

2-2-1
네 자리 수
- 네 자리 수 읽고 쓰기
- 네 자리 수의 자릿값
- 네 자리 수의 계열을 알고 크기 비교하기

스스로 계획 짜기

1일차	2일차	3일차	4일차	5일차
____ 월 ____ 일	____ 월 ____ 일	____ 월 ____ 일	____ 월 ____ 일	____ 월 ____ 일

6일차	7일차	8일차	9일차	10일차
____ 월 ____ 일	____ 월 ____ 일	____ 월 ____ 일	____ 월 ____ 일	____ 월 ____ 일

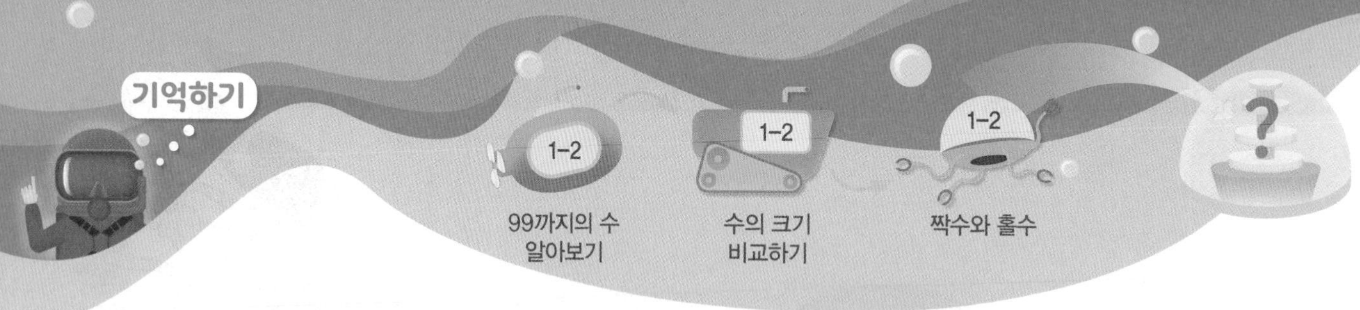

기억 1 몇십

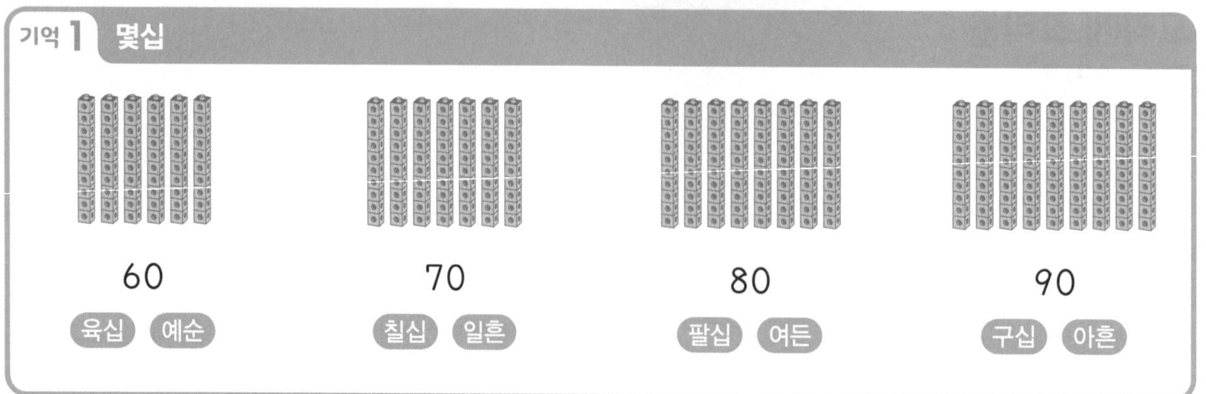

1 바둑돌의 수를 쓰고 2가지 방법으로 읽어 보세요.

쓰기 (   )

읽기 (   ), (   )

기억 2 99까지의 수

10개씩 묶음의 수
낱개의 수
➡ 74, 칠십사, 일흔넷

2 관계있는 것끼리 선으로 이어 보세요.

62 •	• 칠십팔 •	• 아흔셋
78 •	• 육십이 •	• 일흔여덟
93 •	• 구십삼 •	• 예순둘

기억 3 수의 순서

99보다 1 큰 수를 100이라고 합니다. 100은 백이라고 읽습니다.

3 빈칸에 알맞은 수를 써넣으세요.

기억 4 수의 크기 비교

62 > 54

• 62는 54보다 큽니다. • 54는 62보다 작습니다.

4 ○ 안에 >, <를 알맞게 써넣고 알맞은 말에 ○표 해 보세요.

71 ○ 67	71은 67보다 (큽니다 , 작습니다). 67은 71보다 (큽니다 , 작습니다).

기억 5 짝수와 홀수

2, 4, 6, 8, 10과 같이 둘씩 짝을 지을 수 있는 수를 짝수라고 합니다.
1, 3, 5, 7, 9와 같이 둘씩 짝을 지을 수 없는 수를 홀수라고 합니다.

5 짝수를 모두 찾아 ○표 해 보세요.

6 11 18 23 30

생각열기 ①

희망 팔찌를 만든 구슬은 모두 몇 개인가요?

[1~3] 어려움에 처한 어린이들을 돕고 보호하는 기관에서 '팔찌 캠페인'을 시작했습니다. 봄이네 반 학생들도 캠페인에 참여하기 위해 구슬을 꿰어 팔찌를 만들기로 했습니다. 팔찌 한 개를 만드는 데는 구슬 10개가 필요해요.

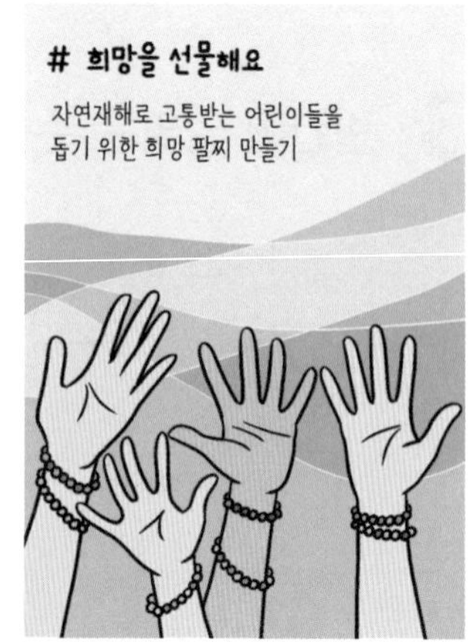

1 구슬의 수를 세어 보세요.

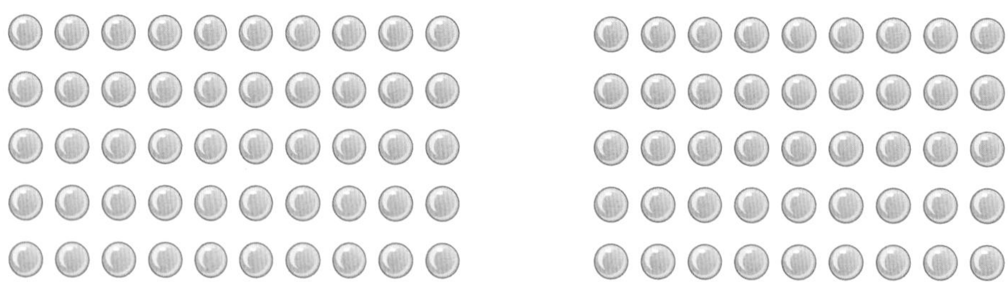

(1) 구슬은 모두 몇 개인지 세고 어떻게 세었는지 써 보세요.

(2) 또 다른 방법으로 세고 어떻게 세었는지 써 보세요.

2 친구들이 구슬의 수를 바르게 세었는지 알아보세요.

…… 91(구십일), 92(구십이), 93(구십삼), 94(구십사), 95(구십오), 96(구십육), 97(구십칠), 98(구십팔), 99(구십구), 구십십!

봄

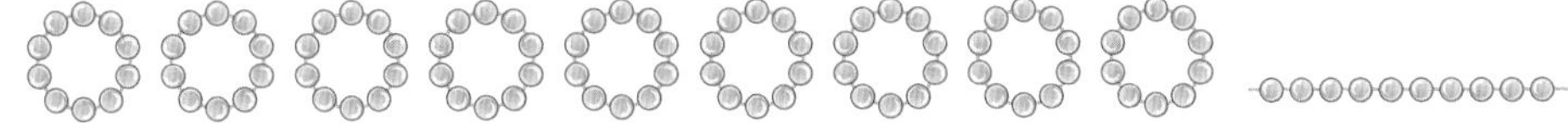

10(십), 20(이십), 30(삼십), 40(사십), 50(오십), 60(육십), 70(칠십), 80(팔십), 90(구십), 십십!

가을

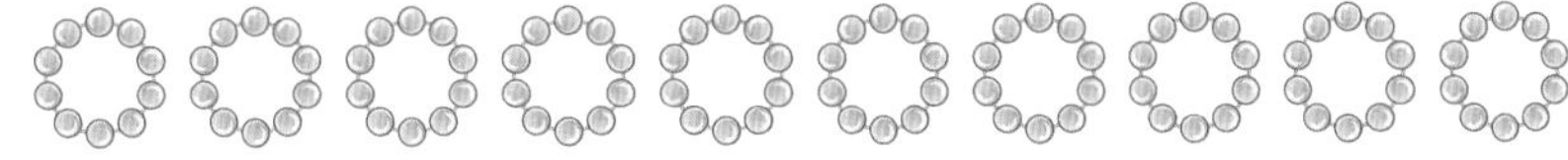

(1) 봄이는 구슬의 수를 바르게 세었나요? 그렇게 생각한 이유를 써 보세요.

(2) 가을이는 구슬의 수를 바르게 세었나요? 그렇게 생각한 이유를 써 보세요.

3 구슬은 한 개에 10원이에요.

(1) 구슬 10개를 사는 데 얼마가 필요한지 ⑩을 그려 나타내어 보세요.

(2) 구슬 10개를 사려면 얼마가 필요한가요?

개념활용 ①-1

100(백) 알아보기

1 수 모형을 보고 빈칸에 알맞은 수를 써넣으세요.

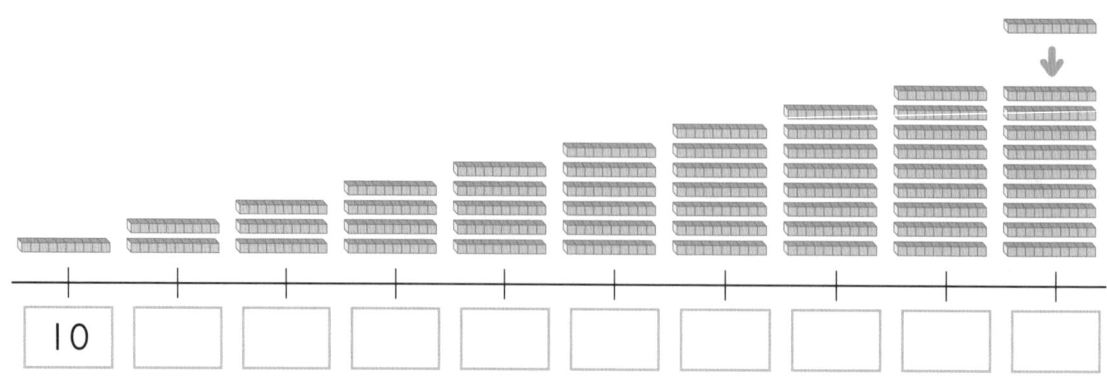

개념 정리 100(백) 알아보기

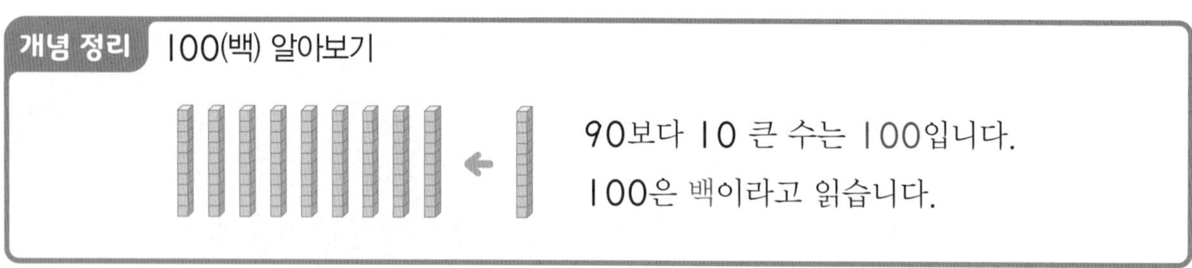

90보다 10 큰 수는 100입니다.

100은 백이라고 읽습니다.

2 100을 수 모형으로 알아보세요.

(1) 100을 십 모형과 백 모형으로 각각 나타내어 보세요.

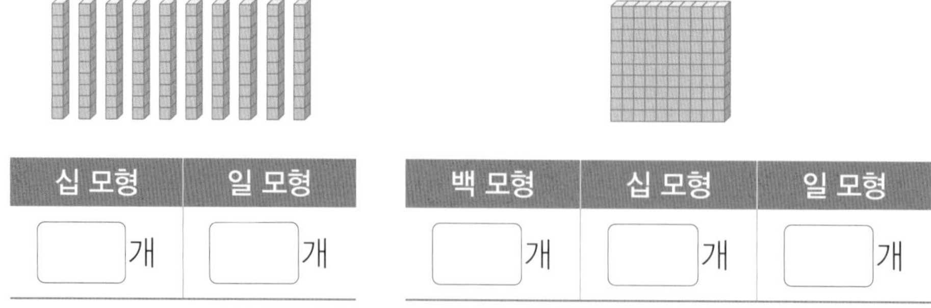

십 모형	일 모형
개	개

백 모형	십 모형	일 모형
개	개	개

(2) 백 모형 1개는 십 모형 몇 개와 같은가요?

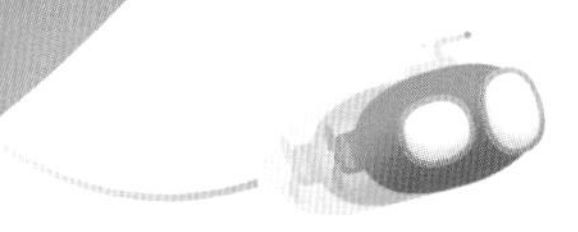

개념 정리 100(백) 알아보기

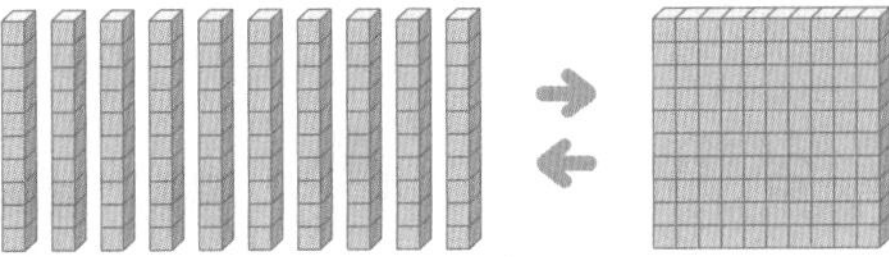

10이 10개이면 100입니다.

3 수 배열표를 보고 100이 얼마만큼의 수인지 알아보세요.

(1) 빈칸에 알맞은 수를 써넣으세요.

1	2	3	4	5	6	7	8	9	10
11	12	13	14	15	16	17	18	19	20
21	22	23	24	25	26	27	28	29	30
31	32	33	34	35	36	37	38	39	40
41	42	43	44	45	46	47	48	49	50
51	52	53	54	55	56	57	58	59	60
61	62	63	64	65	66	67	68	69	70
71	72	73	74	75	76	77	78	79	80
81	82	83	84	85	86	87	88	89	90
91	92	93	94	95	96	97	98	99	

89	90
99	

(2) 100에 대한 여름이와 겨울이의 대화를 완성해 보세요.

여름

100은 99보다 ☐ 큰 수야.

100은 90보다 ☐ 큰 수야.

겨울

(3) 100에 대해 알고 있는 것을 써 보세요.

생각열기 ②

학생들이 만든 팔찌는 모두 몇 개인가요?

1 겨울이네 반 학생들은 다 만든 팔찌를 상자에 100개씩 담았어요.

(1) 팔찌가 모두 몇 개인지 세고 어떻게 세었는지 써 보세요.

(2) 또 다른 방법으로 세고 어떻게 세었는지 써 보세요.

2 2학년 학생들도 팔찌를 만들어 상자에 모두 담았어요.

(1) 팔찌가 모두 몇 개인지 세고 어떻게 세었는지 써 보세요.

(2) 또 다른 방법으로 세어 보고 어떻게 세었는지 써 보세요.

3 겨울이네 학교 학생들은 팔찌를 모두 모아 국제 아동 보호 기관에 기부했어요.

(1) 기부한 팔찌가 모두 몇 개인지 세고 어떻게 세었는지 써 보세요.

(2) 또 다른 방법으로 세고 어떻게 세었는지 써 보세요.

4 팔찌가 일주일 동안 모두 몇 개 팔렸는지 세어 보려고 해요.

(1) 가을이가 팔찌의 수를 바르게 세었나요?

(2) 그렇게 생각한 이유를 써 보세요.

개념활용 ❷-1

세 자리 수 알아보기

1 몇백을 알아보세요.

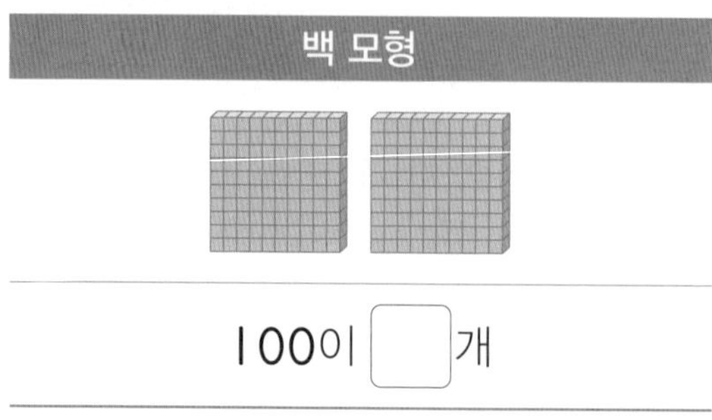

(1) □ 안에 알맞은 수를 써넣으세요.

(2) 수 모형이 나타내는 수는 얼마인가요?

( )

개념 정리 몇백

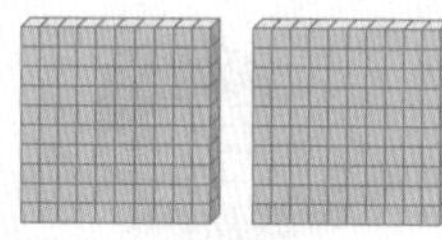

100이 2개이면 200입니다.
200은 이백이라고 읽습니다.

2 수 모형이 나타내는 수를 쓰고 읽어 보세요.

(1) 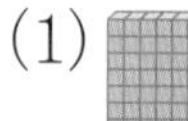 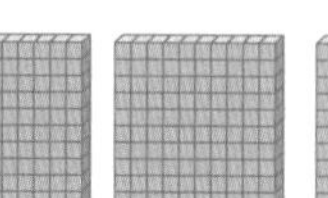 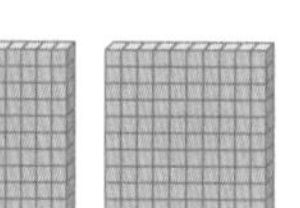

 쓰기 ______

 읽기 ______

(2) 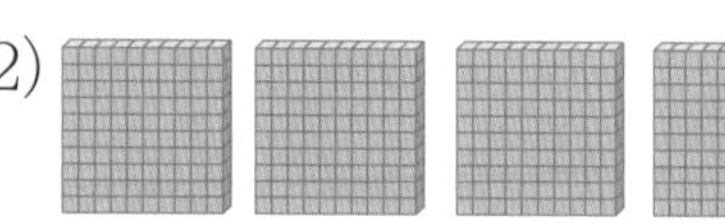 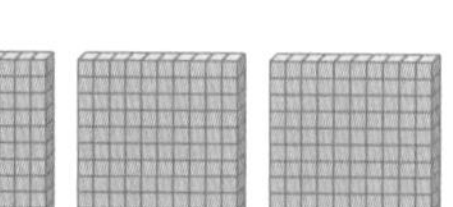

 쓰기 ______

읽기 ______

(3) 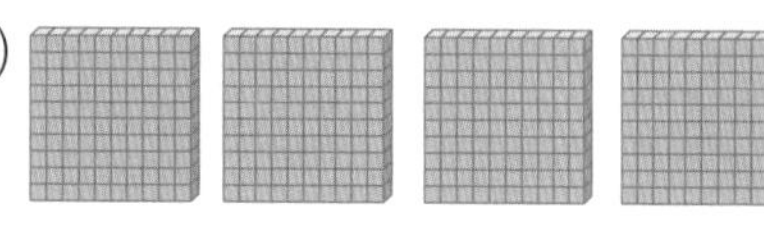 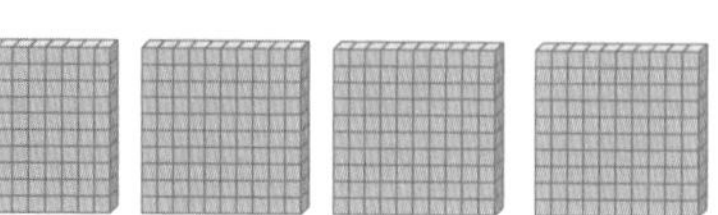

 쓰기 ______

읽기 ______

3 세 자리 수를 알아보세요.

백 모형	십 모형	일 모형
100이 □개	10이 □개	1이 □개

(1) □ 안에 알맞은 수를 써넣으세요.

(2) 수 모형이 나타내는 수는 얼마인가요?

( )

개념 정리 세 자리 수

백 모형	십 모형	일 모형
100이 2개	10이 5개	1이 8개

100이 2개, 10이 5개, 1이 8개이면 258입니다. 258은 이백오십팔이라고 읽습니다.

4 수 모형이 나타내는 수를 쓰고 읽어 보세요.

(1)

쓰기 ______ 읽기 ______

(2)

쓰기 ______ 읽기 ______

생각열기 ③

저금통 속에 든 동전은 모두 얼마인가요?

1 봄이가 인터넷 쇼핑몰에서 색연필을 사려고 합니다. 인터넷 쇼핑몰에서 살 수 있는 가장 싼 색연필은 한 자루에 238원이에요.

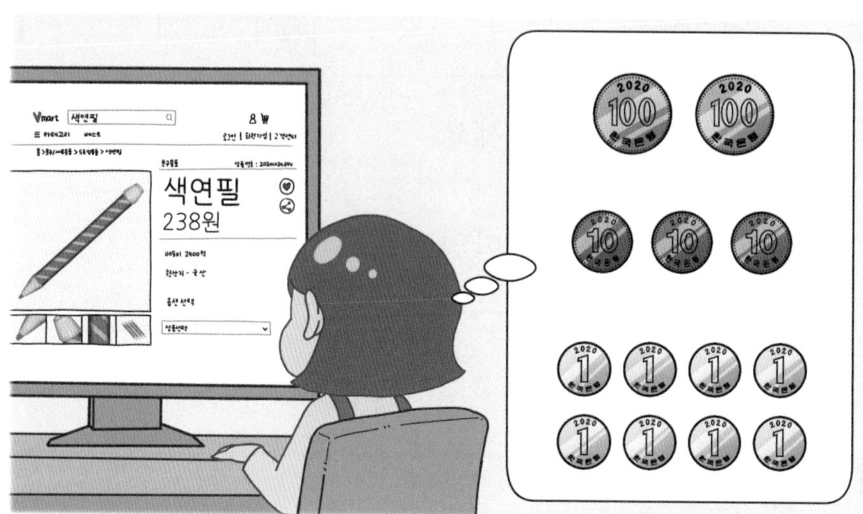

(1) 238원은 100원, 10원, 1원이 각각 몇 개씩인가요?

100원	10원	1원
□개	□개	□개

(2) 238원의 2는 얼마를 나타낼까요?

(　　　　　　　　)

(3) 238원의 3은 얼마를 나타낼까요?

(　　　　　　　　)

(4) 238원의 8은 얼마를 나타낼까요?

(　　　　　　　　)

2 저금통 속에 동전이 들어 있어요.

(1) 저금통 속 동전이 모두 얼마인지 뛰어 세고 어떻게 세었는지 써 보세요.

(2) 또 다른 방법으로 뛰어 세고 어떻게 세었는지 써 보세요.

개념활용 ③-1

각 자리의 숫자가 나타내는 값 알아보기

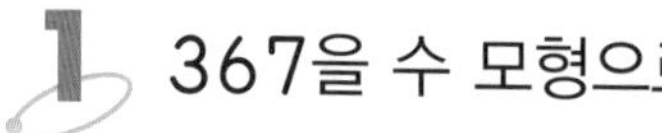

1 367을 수 모형으로 알아보세요.

백 모형	십 모형	일 모형
100이 □개	10이 □개	1이 □개

(1) □ 안에 알맞은 수를 써넣으세요.

(2) 백 모형, 십 모형, 일 모형이 나타내는 수는 각각 얼마인가요?

백 모형 (　　　　　　　　)

십 모형 (　　　　　　　　)

일 모형 (　　　　　　　　)

(3) □ 안에 알맞은 수를 써넣으세요.

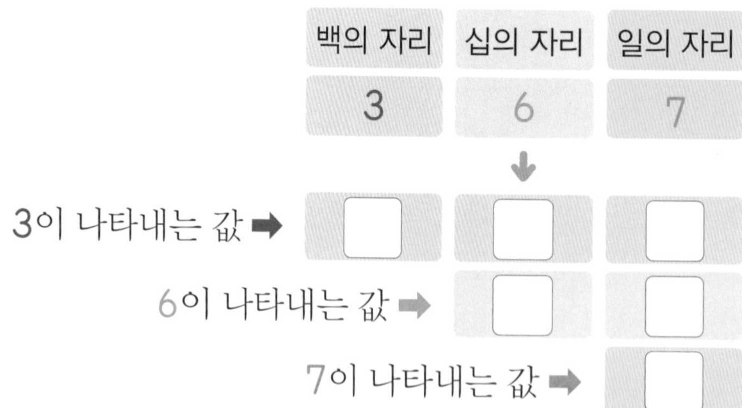

(4) 367을 각 자리의 숫자가 나타내는 값의 합으로 나타내어 보세요.

367=□+□+□

2 777에서 각 자리의 숫자가 얼마를 나타내는지 알아보세요.

백의 자리	십의 자리	일의 자리
7	7	7
100이 7개	10이 7개	1이 7개
□	□	□
777=□+□+□		

3 마음대로 세 자리 수를 만들고, 각 자리의 숫자가 나타내는 값의 합으로 나타내어 보세요.

(1) 100이 □개, 10이 □개, 1이 □개이면 □=□+□+□

(2) □은/는 100이 □개, 10이 □개, 1이 □개이므로 □+□+□

개념 정리 각 자리의 숫자가 얼마를 나타내는지 알아볼까요

백의 자리	십의 자리	일의 자리
5	3	8
5	0	0
	3	0
		8

5는 백의 자리 숫자이고, 500을 나타냅니다.
3은 십의 자리 숫자이고, 30을 나타냅니다.
8은 일의 자리 숫자이고, 8을 나타냅니다.
538=500+30+8

뛰어 세기

1 수 모형이 나타내는 수를 알아보세요.

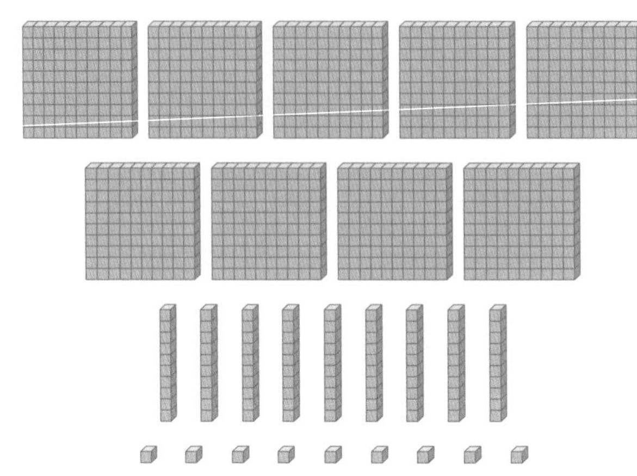

(1) 백 모형이 나타내는 수를 100씩 뛰어 세고, 백의 자리 수가 어떻게 변하는지 써 보세요.

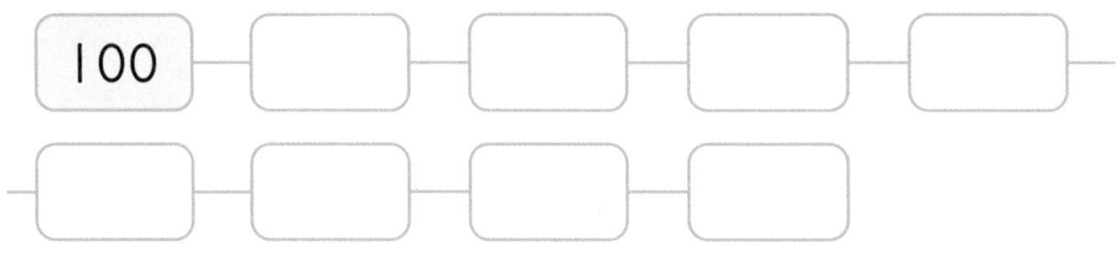

(2) 이어서 십 모형이 나타내는 수를 10씩 뛰어 세고, 십의 자리 수가 어떻게 변하는지 써 보세요.

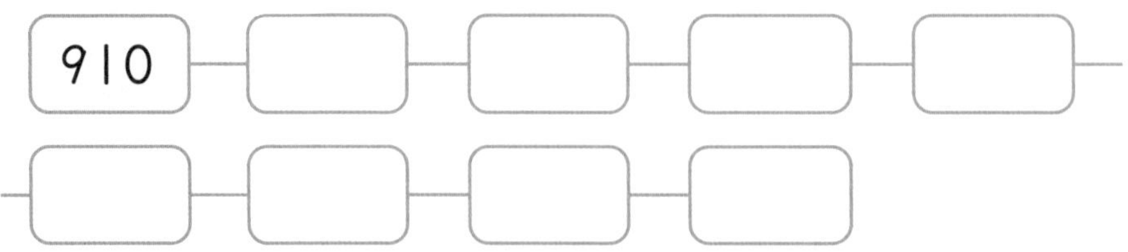

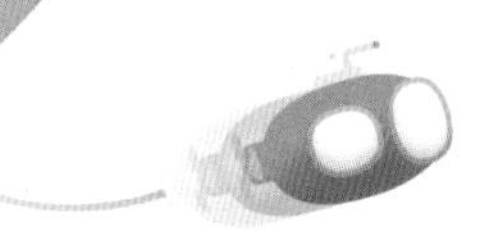

(3) 이어서 일 모형이 나타내는 수를 1씩 뛰어 세고, 일의 자리 수가 어떻게 변하는지 써 보세요.

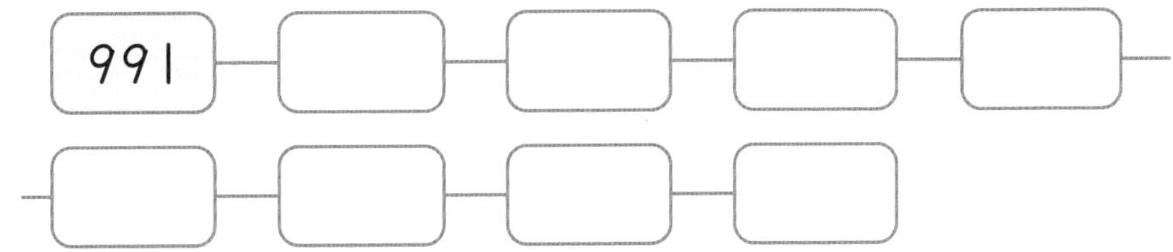

(4) 수 모형이 나타내는 수는 얼마인가요?

(　　　　　　　)

2 999보다 1만큼 더 큰 수를 알아보세요.

(1) □ 안에 알맞은 수를 써넣으세요.

(2) 999보다 1만큼 더 큰 수는 얼마인가요?

(　　　　　　　)

개념 정리 뛰어 세기

991−992−993−994−995−996−997−998−999−1000

999보다 1 큰 수는 1000입니다.

1000은 천이라고 읽습니다.

생각열기 ④

학급 대표를 뽑는 선거에서 누가 뽑혔나요?

1 학급 대표를 뽑는 선거에서 봄이가 12표, 여름이가 23표를 얻었어요.

1학기 학급 대표 선거

기호 1번 봄	12표
기호 2번 여름	23표

(1) 봄이와 여름이 중 더 많은 표를 얻어 학급 대표로 뽑힌 사람은 누구인가요? 그렇게 생각한 이유를 써 보세요.

(2) 두 자리 수를 비교하는 방법을 이용해서 세 자리 수를 비교하는 방법을 생각해 보세요.

2 봄이네 학교 대표를 뽑는 선거 결과가 방송되고 있어요.

(1) 기호 1번 가을 어린이가 얻은 표의 수와 기호 2번 겨울 어린이가 얻은 표의 수를 수 모형으로 나타내어 보세요.

(2) 세 자리 수를 비교하는 방법을 설명해 보세요.

개념활용 ④-1

수의 크기 비교하기

1 수 모형을 이용하여 367과 415 중 어느 수가 더 큰지 비교해 보세요.

(1) ○ 안에 > 또는 <를 알맞게 써넣으세요.

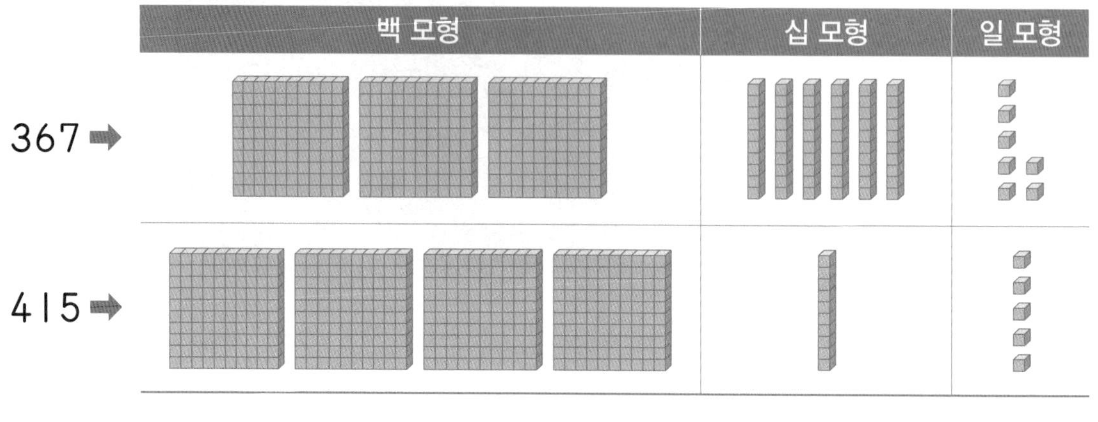

367 ○ 415

(2) 두 수의 크기를 어떻게 비교했는지 써 보세요.

2 908과 930 중 어느 수가 더 큰지 비교해 보세요.

(1) 빈칸에 알맞은 수를 써넣고, ○ 안에 > 또는 <를 알맞게 써넣으세요.

	백의 자리	십의 자리	일의 자리
908 ➡	9	0	8
930 ➡	□	□	□

908 ○ 930

(2) 두 수의 크기를 어떻게 비교했는지 써 보세요.

3 세 수의 크기를 비교해 보세요.

	백의 자리	십의 자리	일의 자리
841 ➡	8	4	1
657 ➡	☐	☐	☐
698 ➡	☐	☐	☐

(1) 빈칸에 알맞은 수를 써넣으세요.

(2) 가장 큰 수와 가장 작은 수는 무엇인가요?

가장 큰 수 (   )

가장 작은 수 (   )

(3) 세 수의 크기를 어떻게 비교했는지 써 보세요.

개념 정리 어느 수가 더 큰지 비교하기

① 백의 자리 수부터 비교합니다.

② 백의 자리 수가 같으면 십의 자리 수를 비교합니다.

③ 백의 자리 수, 십의 자리 수가 모두 같으면 일의 자리 수를 비교합니다.

➡ 높은 자리 수부터 차례대로 비교하여 높은 자리 수가 클수록 큰 수입니다.

표현하기

세 자리 수

스스로 정리 세 자리 수 354에 대하여 빈칸에 알맞은 수나 말을 써넣으세요.

3	0	0
	□	□
		□

3은 □의 자리의 숫자이고, □을 나타냅니다.

□는 십의 자리의 숫자이고, □을 나타냅니다.

□는 □의 자리의 숫자이고, □를 나타냅니다.

354=□+□+□

개념 연결 수를 수 모형으로 나타내고 빈칸에 알맞은 수를 써넣으세요.

주제	수 모형으로 나타내고 빈칸 채우기	
	75를 수 모형으로 나타내기	75를 묶음과 낱개로 설명하기
100까지의 수		10개씩 묶음 □개와 낱개 □개는 □입니다.

1 324를 수 모형으로 나타내고, 각 숫자가 나타내는 수를 친구에게 편지로 설명해 보세요.

1 빈칸에 알맞은 수를 써넣고 설명해 보세요.

• 

• 

• 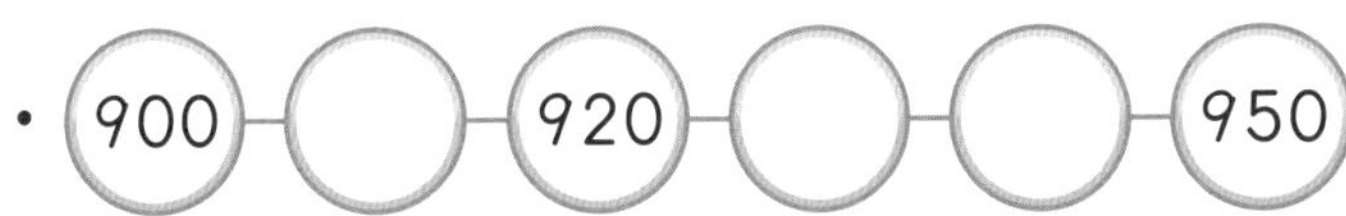

2 수 카드를 한 번씩만 이용하여 가장 큰 세 자리 수와 가장 작은 세 자리 수를 만들고, 어떻게 만들었는지 설명해 보세요.

3 7 5

세 자리 수는 이렇게 연결돼요.

99까지의 수

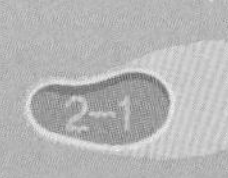

세 자리 수

2-2
네 자리 수

다섯 자리 이상의 수

단원평가 기본

1 수 모형이 나타내는 수를 쓰고 읽어 보세요.

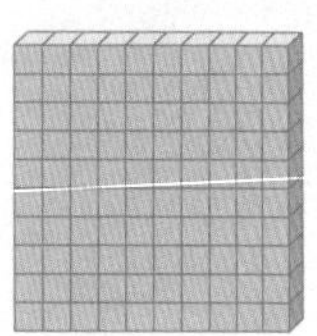

쓰기 ______________

읽기 ______________

2 빵 한 개의 가격을 읽어 보세요.

(　　　　　　　　)

3 빈칸에 알맞은 수나 말을 써넣으세요.

백의 자리	십의 자리	일의 자리	
5	4	9	□
3	5	0	삼백오십
			육백칠

4 수 모형을 보고 □ 안에 알맞은 수를 써넣으세요.

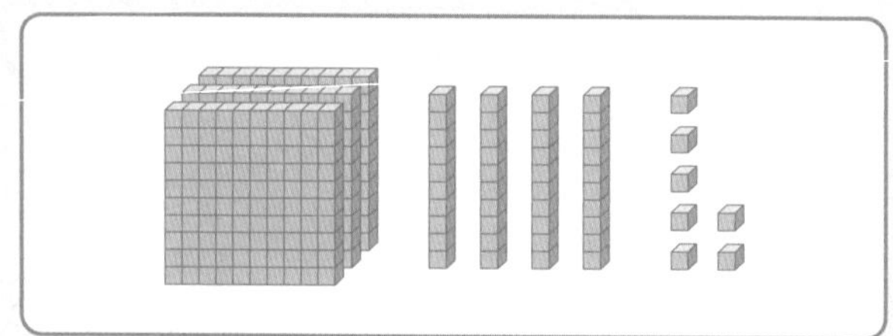

백 모형	십 모형	일 모형
□개	□개	□개
□	40	□

□ = □ + 40 + □

5 숫자 5가 50을 나타내는 수를 말한 사람은 누구인가요?

(　　　　　　　　)

6 빈칸에 알맞은 수를 써넣으세요.

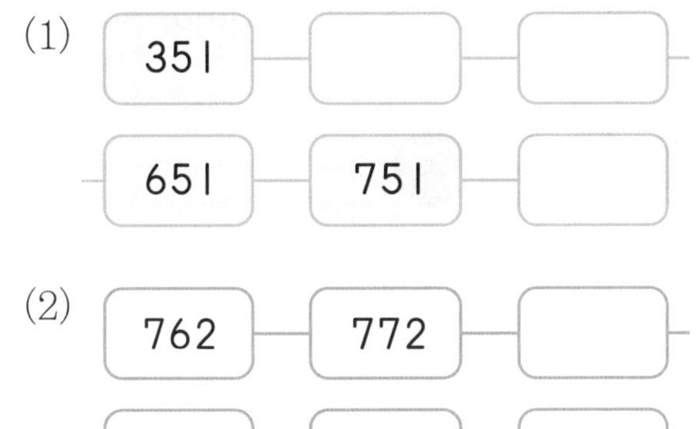

(1) 351 — □ — □ —

— 651 — 751 — □

(2) 762 — 772 — □ —

— □ — 802 — □

7 두 수의 크기를 비교하여 ○ 안에 > 또는 <를 알맞게 써넣으세요.

(1) 514 ○ 409

(2) 255 ○ 271

8 사탕이 한 봉지에 100개씩 3봉지가 있습니다. 사탕은 모두 몇 개인지 풀이 과정을 쓰고 답을 구해 보세요.

풀이

답

9 □ 안에 알맞은 수를 써넣으세요.

609	720	612

(1) 가장 큰 수는 □ 입니다.

(2) 가장 작은 수는 □ 입니다.

10 수 카드를 한 번씩만 사용하여 십의 자리 숫자가 3인 세 자리 수를 만들어 보세요.

3 0 5

( )

11 □ 안에 들어갈 수 있는 수를 모두 써 보세요.

546<54□

( )

단원평가 심화

1 10원짜리 동전이 있습니다. 100원이 되려면 10원짜리 동전이 몇 개 더 있어야 하나요?

(　　　　　　　)

2 수 모형이 나타내는 수에 대한 설명으로 옳은 것을 모두 찾아보세요. (　　　　　　　)

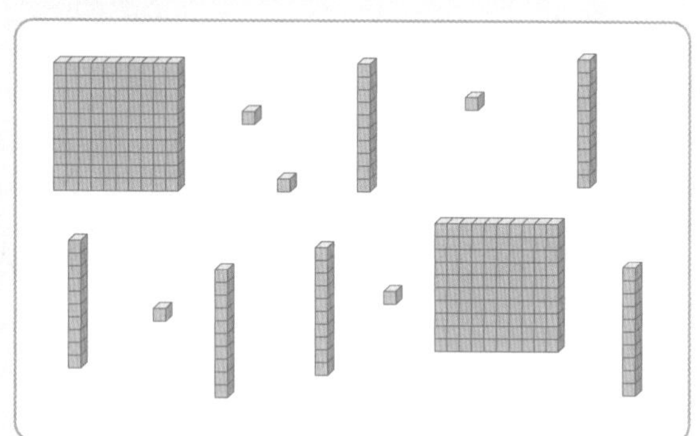

① 세 자리 수입니다.

② 백의 자리 숫자는 5입니다.

③ 이육오라고 읽습니다.

④ 2가 나타내는 수는 200입니다.

⑤ 5가 나타내는 수는 50입니다.

3 밑줄 친 숫자 8이 나타내는 값이 작은 수부터 차례대로 써 보세요.

33<u>8</u>　　<u>8</u>56　　9<u>8</u>0

(　　　　　　　　　　)

4 700원으로 100원짜리 사탕 몇 개와 10원짜리 구슬 30개를 사려고 합니다. 사탕은 몇 개를 살 수 있을까요?

(　　　　　　　)

5 태영이의 지갑 속에 950원이 들어 있습니다. 매일 100원씩 꺼내 쓸 때 남는 돈이 얼마인지 빈칸에 써넣으세요.

6 어느 날 우리나라의 지역별 미세 먼지를 측정한 값입니다. 측정값이 두 번째로 높은 지역과 그 지역의 미세 먼지 측정값은 얼마인가요?

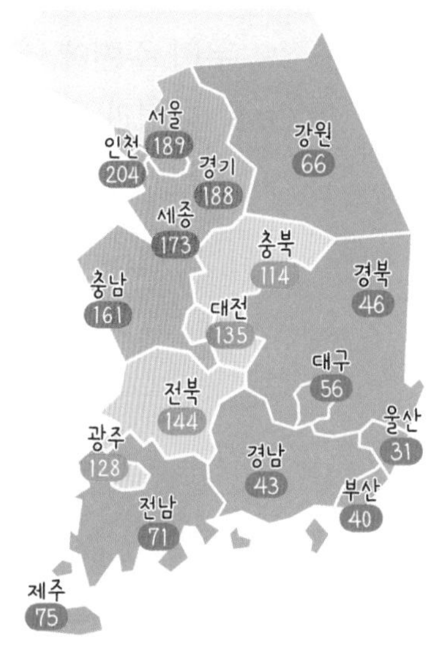

두 번째로 높은 지역 (　　　　　　　　)

측정값 (　　　　　　　　)

7 다음은 봄이와 친구들이 줄넘기를 몇 번 넘었는지 적은 종이인데, 보이지 않는 숫자가 있습니다. 물음에 답하세요.

봄	여름	가을	겨울
37○개	25○개	19○개	18○개

(1) 줄넘기를 가장 많이 넘은 사람은 누구인가요?

(　　　　　　　　)

(2) 줄넘기를 가장 적게 넘은 사람은 누구인가요?

(　　　　　　　　)

2 생활 주변에서 다양한 모양을 찾아볼까요?

여러 가지 도형

- 우리 주변에서 원, 삼각형, 사각형을 찾을 수 있어요.
- 꼭짓점과 변의 수가 많아질수록 삼각형, 사각형, 오각형, 육각형이 돼요.

Check

스스로 다짐하기

- ☐ 말한 것, 생각한 것을 글로 꼭 써 보세요.
- ☐ 정답만 쓰지 말고 이유도 꼭 써 보세요.
- ☐ 익숙하게 빨리 하는 것도 필요해요.
- ☐ 빨리 하는 것도 중요하지만, 자세하고 정확하게 하는 것이 더 중요해요.

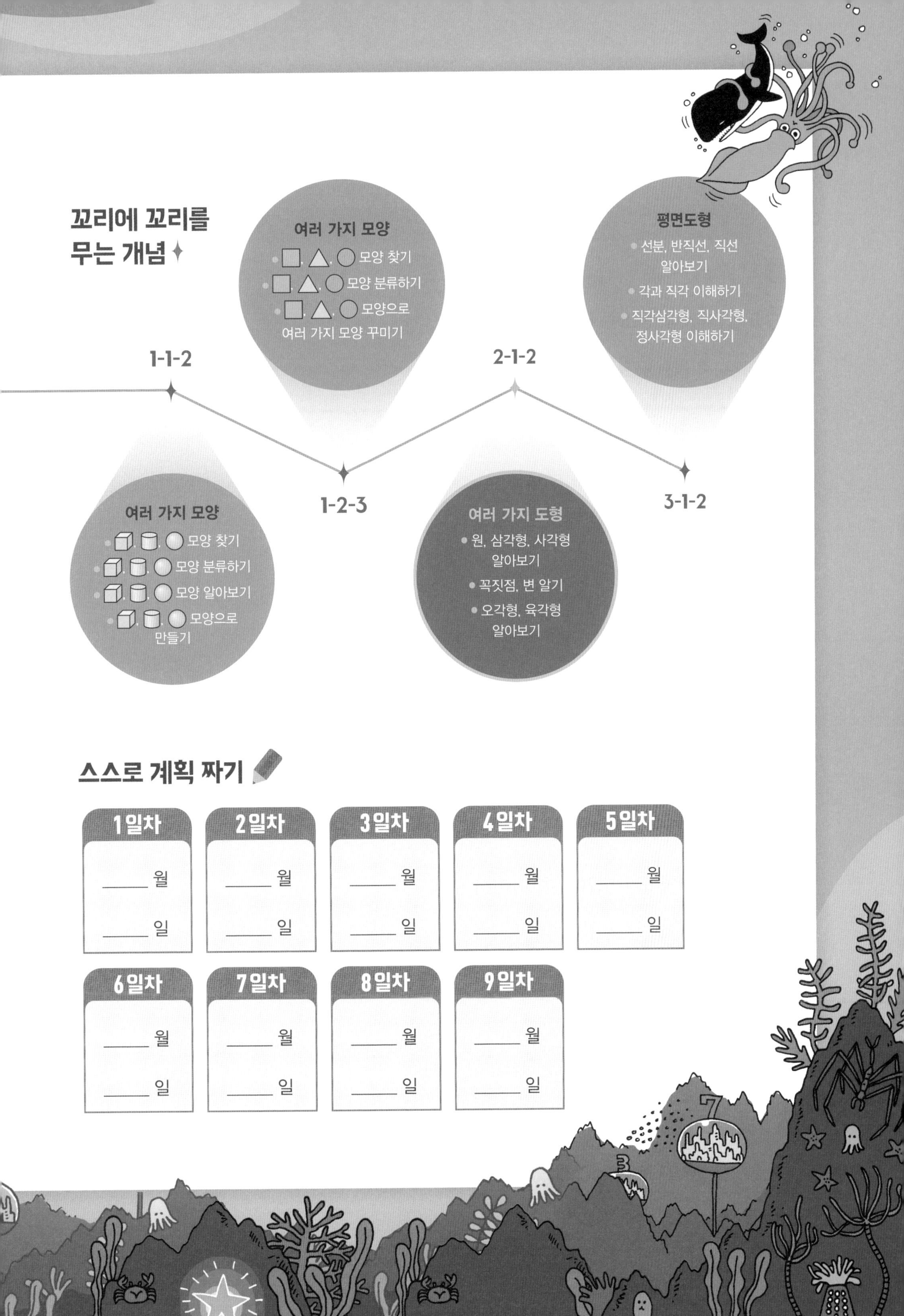

꼬리에 꼬리를 무는 개념

1-1-2

여러 가지 모양

- ▢, ▢, ◯ 모양 찾기
- ▢, ▢, ◯ 모양 분류하기
- ▢, ▢, ◯ 모양 알아보기
- ▢, ▢, ◯ 모양으로 만들기

1-2-3

여러 가지 모양

- □, △, ◯ 모양 찾기
- □, △, ◯ 모양 분류하기
- □, △, ◯ 모양으로 여러 가지 모양 꾸미기

2-1-2

여러 가지 도형

- 원, 삼각형, 사각형 알아보기
- 꼭짓점, 변 알기
- 오각형, 육각형 알아보기

3-1-2

평면도형

- 선분, 반직선, 직선 알아보기
- 각과 직각 이해하기
- 직각삼각형, 직사각형, 정사각형 이해하기

스스로 계획 짜기

1일차	2일차	3일차	4일차	5일차
____ 월 ____ 일	____ 월 ____ 일	____ 월 ____ 일	____ 월 ____ 일	____ 월 ____ 일

6일차	7일차	8일차	9일차
____ 월 ____ 일	____ 월 ____ 일	____ 월 ____ 일	____ 월 ____ 일

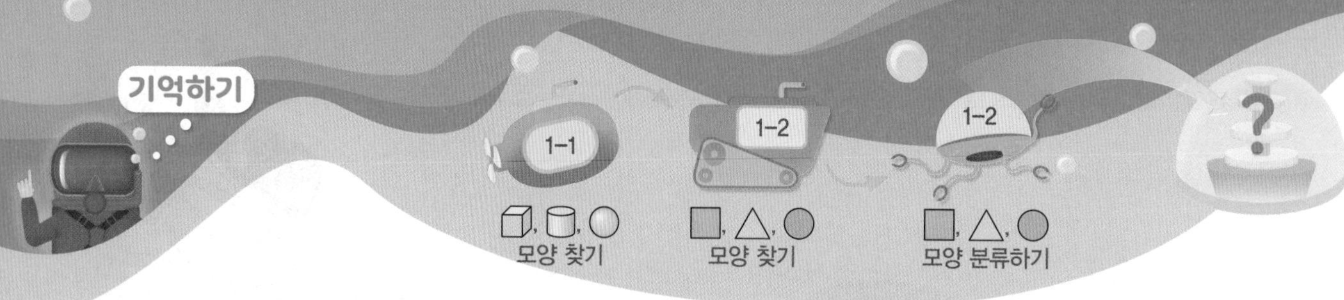

기억 1 모양

모양: 책, 주사위

모양: 휴지통, 통조림 캔, 음료수 캔, 물컵

모양: 축구공, 구슬, 사탕

1 모양이 같은 것끼리 이어 보세요.

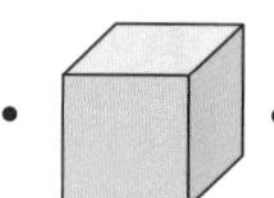

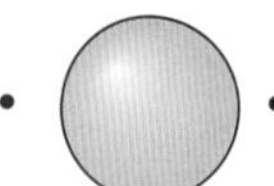

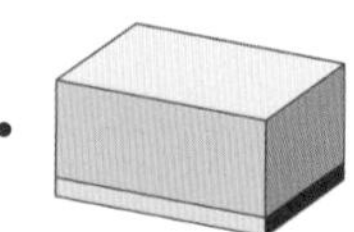

2 친구들이 설명하는 모양을 찾아 이어 보세요.

이 모양은 잘 굴러가지만 쌓을 수는 없어.

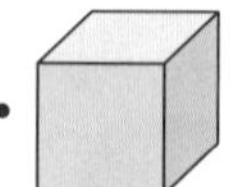

이 모양은 잘 쌓을 수 있지만 잘 굴러가지는 않아.

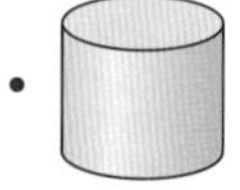

이 모양은 눕히면 잘 굴러가고 세우면 쌓을 수 있어.

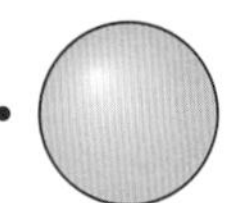

기억 2 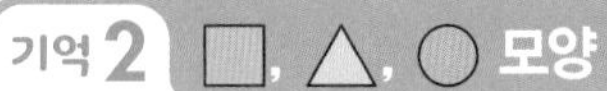 모양

□ 모양: 상자, 필통, 책, 종이, 컴퓨터 모니터

△ 모양: 옷걸이, 삼각자

○ 모양: 소고, 탬버린

3 관계있는 것끼리 이어 보세요.

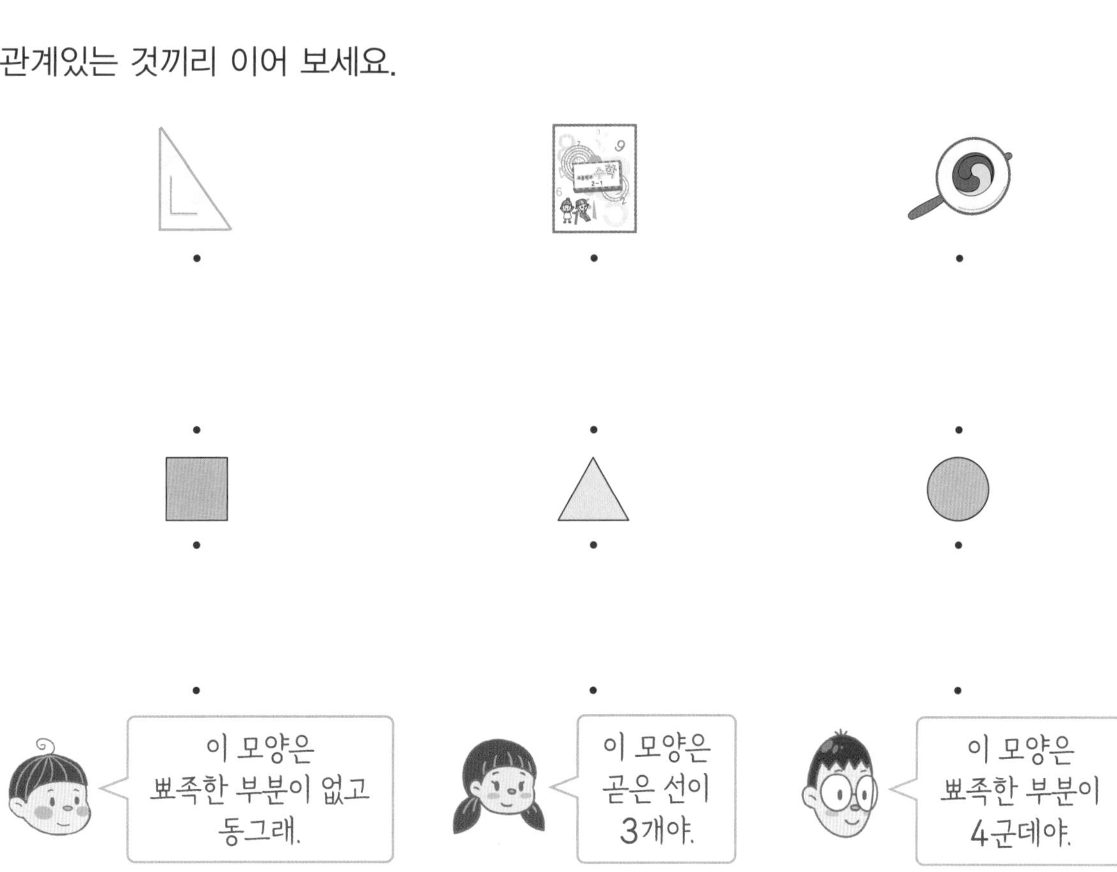

4 그림에 □, △, ○ 모양이 각각 몇 개 있는지 써 보세요.

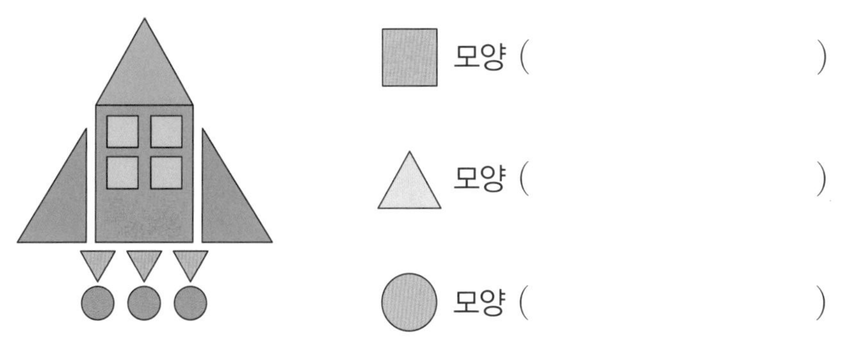

□ 모양 (　　　　　　　　)

△ 모양 (　　　　　　　　)

○ 모양 (　　　　　　　　)

생각열기 ①

주변의 모양을 어떻게 나눌까요?

[1~3] 그림을 보고 물음에 답하세요.

1 ● 모양을 알아보려고 해요.

(1) 그림에서 ● 모양을 찾아 빨간색으로 따라 그려 보세요.

(2) ● 모양의 물건은 모두 몇 개인가요?

( )

(3) ● 모양에 대해 알게 된 점을 써 보세요.

2 △ 모양을 알아보려고 해요.

(1) 그림에서 △ 모양을 찾아 빨간색으로 따라 그려 보세요.

(2) △ 모양의 물건은 모두 몇 개인가요?

( )

(3) △ 모양에 대해 알게 된 점을 써 보세요.

3 ■ 모양을 알아보려고 해요.

(1) 그림에서 ■ 모양을 찾아 빨간색으로 따라 그려 보세요.

(2) ■ 모양의 물건은 모두 몇 개인가요?

( )

(3) ■ 모양에 대해 알게 된 점을 써 보세요.

개념활용 ①-1

원 알아보기

1 물음에 답하세요.

(1) 그림에서 ◯ 모양을 찾아 빨간색으로 따라 그려 보세요.

개념 정리 원

그림과 같은 모양의 도형을 원이라고 합니다.

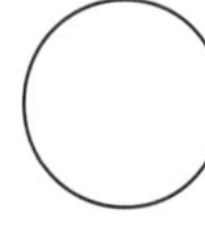 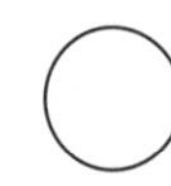 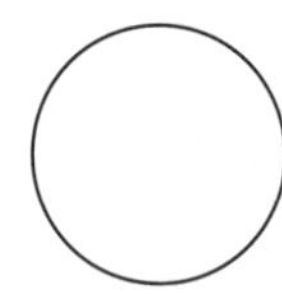

(2) 주변에 있는 물건이나 모양자를 이용하여 크기가 다른 원을 3개 그려 보세요.

2 다음 모양이 원인지 아닌지 알맞은 말에 ○표 하고 그 이유를 써 보세요.

(1)

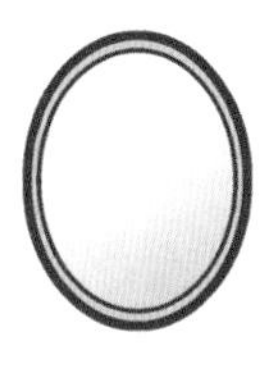

이 모양은 원이 (맞습니다 , 아닙니다).

이유

(2)

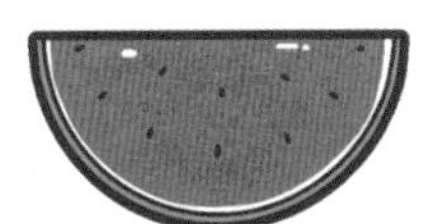

이 모양은 원이 (맞습니다 , 아닙니다).

이유

3 원을 찾아 모두 ○표 해 보세요. 원은 모두 몇 개인가요?

(　　　　　　)

개념활용 1-2

삼각형 알아보기

1 물음에 답하세요.

(1) 그림에서 △ 모양을 찾아 빨간색으로 따라 그려 보세요.

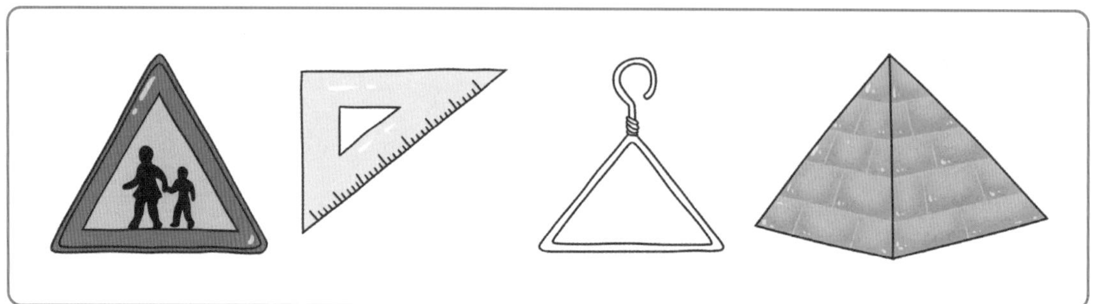

개념 정리 삼각형

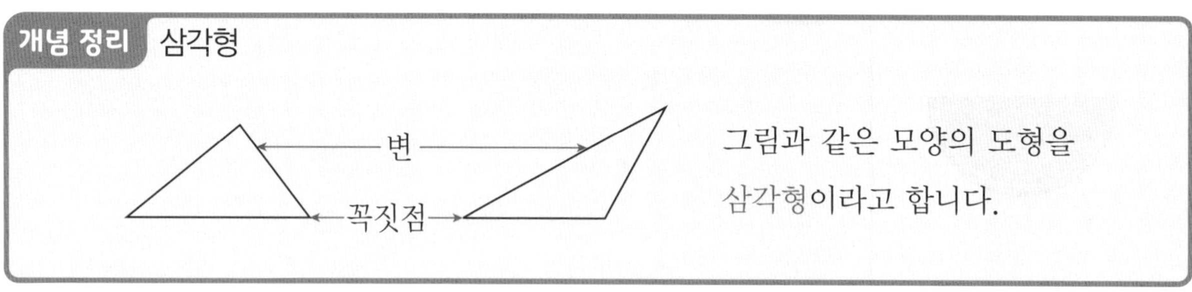

그림과 같은 모양의 도형을 삼각형이라고 합니다.

(2) 삼각형의 변의 수와 꼭짓점의 수는 각각 몇 개인지 세어 보세요.

변 (　　　　　　　　), 꼭짓점 (　　　　　　　　)

(3) 주변에 있는 물건이나 모양자를 이용하여 모양과 크기가 서로 다른 삼각형을 3개 그려 보세요.

2 다음 모양이 삼각형인지 아닌지 알맞은 말에 ○표 하고 그 이유를 써 보세요.

(1)

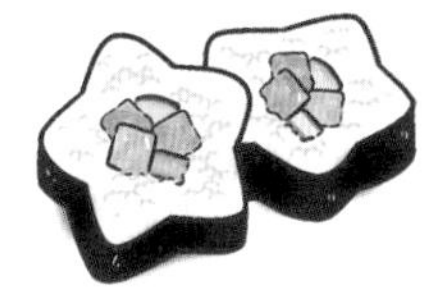

이 모양은 삼각형이 (맞습니다 , 아닙니다).

(2)

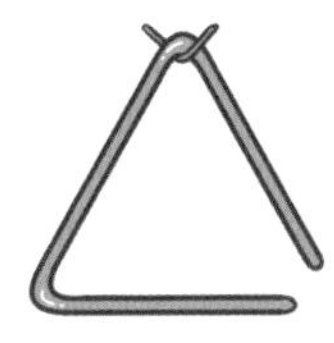

이 모양은 삼각형이 (맞습니다 , 아닙니다).

3 삼각형을 찾아 모두 ○표 해 보세요. 삼각형은 모두 몇 개인가요?

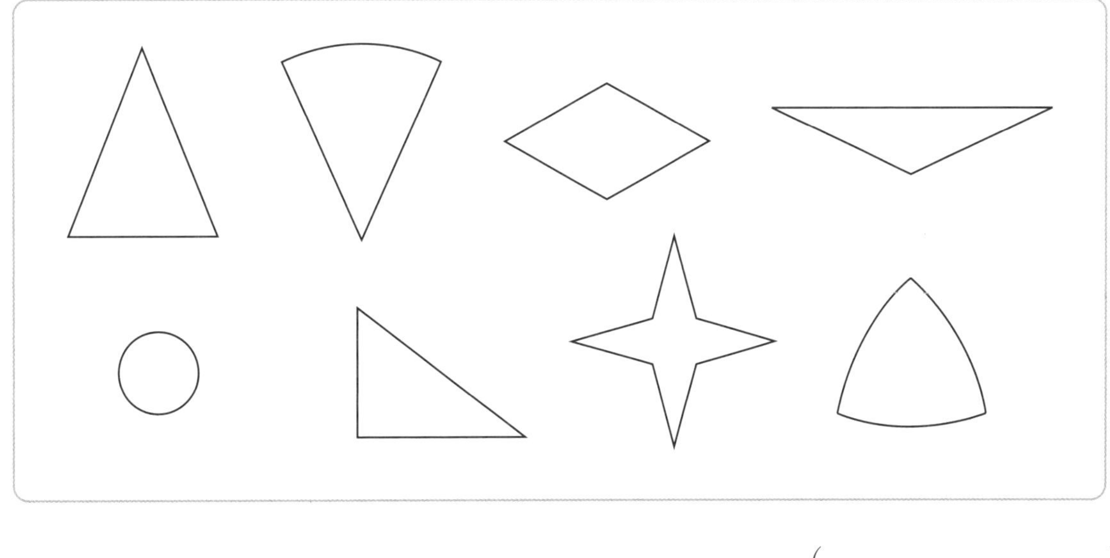

(　　　　　　　　)

개념활용 1-3

사각형 알아보기

1 물음에 답하세요.

(1) 그림에서 ▭ 모양을 찾아 빨간색으로 따라 그려 보세요.

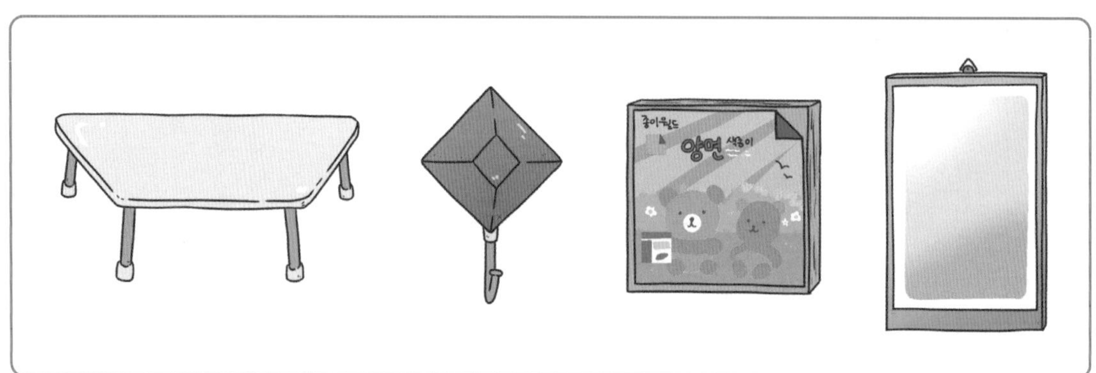

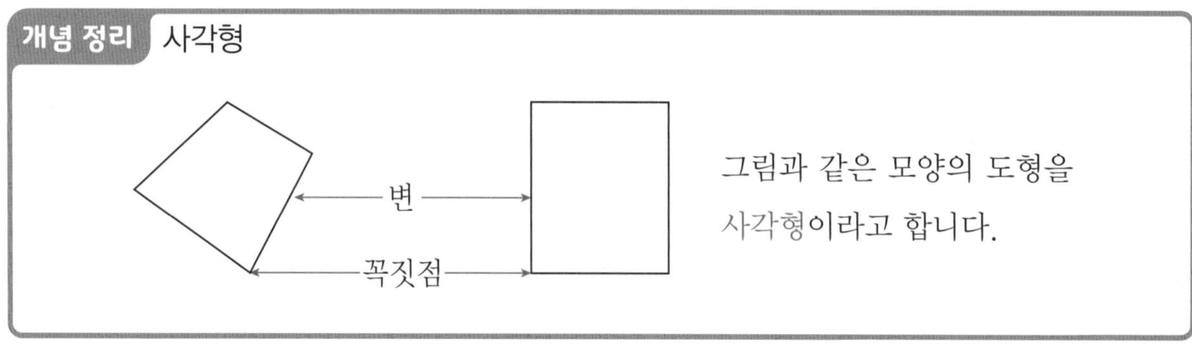

(2) 사각형의 변의 수와 꼭짓점의 수는 각각 몇 개인지 세어 보세요.

변 (　　　　　　), 꼭짓점 (　　　　　　)

(3) 주변에 있는 물건이나 모양자를 이용하여 모양과 크기가 서로 다른 사각형을 3개 그려 보세요.

2 다음 모양이 사각형인지 아닌지 알맞은 말에 ○표 하고 그 이유를 써 보세요.

(1)

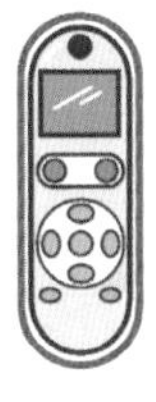

이 모양은 사각형이 (맞습니다 , 아닙니다).

이유

(2)

하늘색 도형은 사각형이 (맞습니다 , 아닙니다).

이유

3 사각형을 찾아 모두 ○표 해 보세요. 사각형은 모두 몇 개인가요?

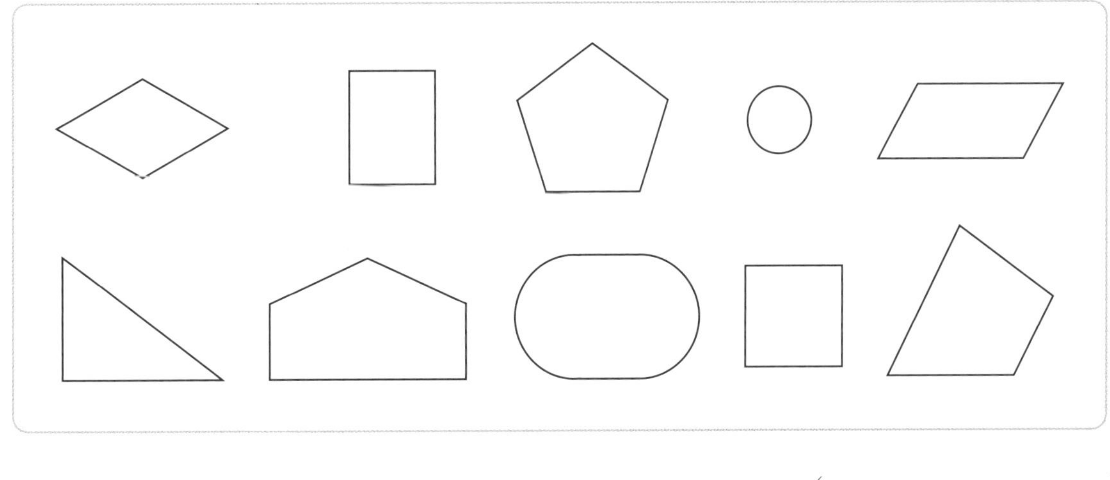

(　　　　　　　　)

오각형과 육각형 알아보기

1 물음에 답하세요.

(1) 그림에서 ⬠ 모양을 찾아 빨간색으로, ⬡ 모양을 찾아 파란색으로 따라 그려 보세요.

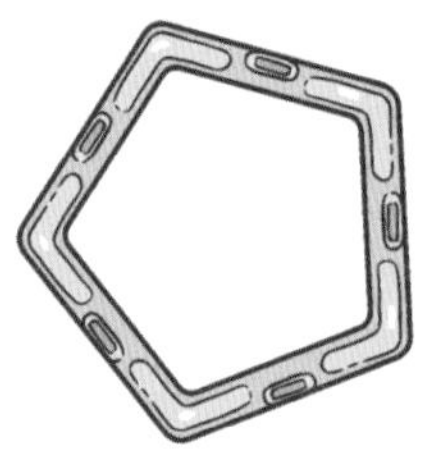

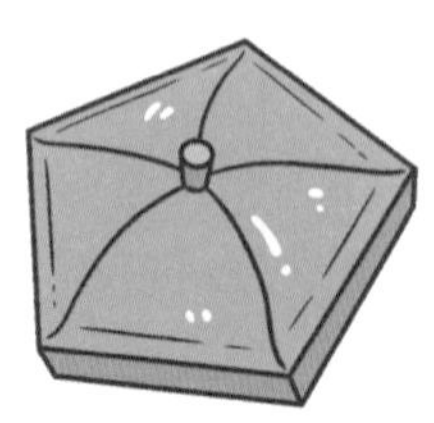
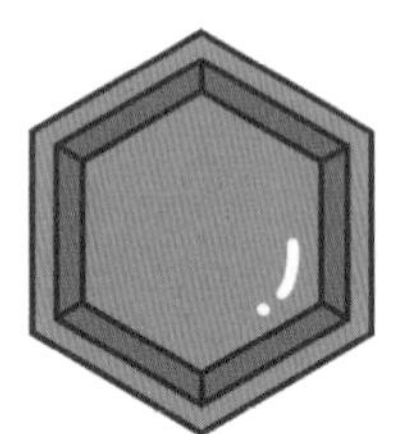

개념 정리 오각형과 육각형

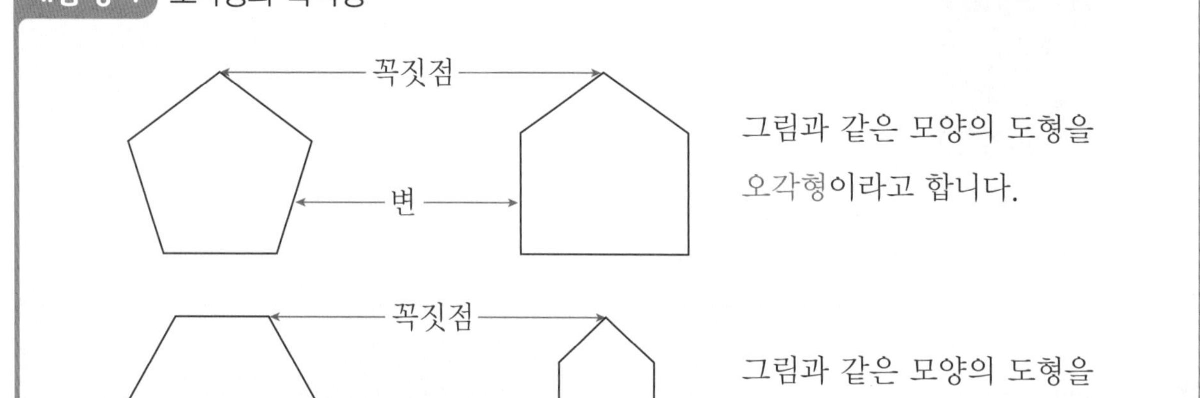

그림과 같은 모양의 도형을 오각형이라고 합니다.

그림과 같은 모양의 도형을 육각형이라고 합니다.

(2) 오각형과 육각형의 변의 수와 꼭짓점의 수를 각각 세어 보세요.

모양	오각형	육각형
변의 수		
꼭짓점의 수		

2 여러 가지 모양과 크기의 오각형과 육각형을 각각 3개씩 그려 보세요.

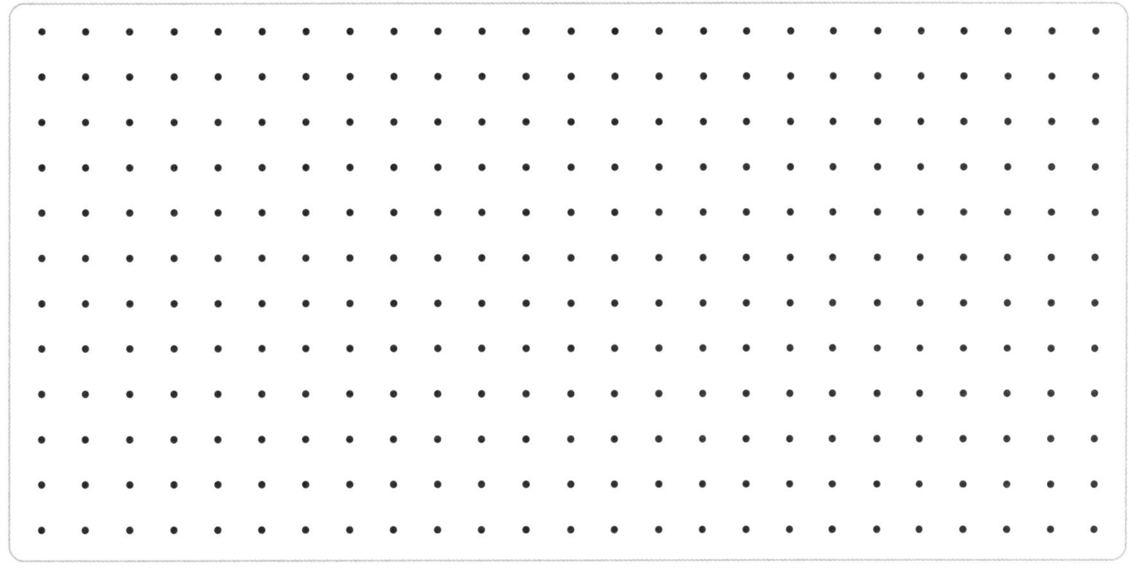

3 오각형과 육각형을 모두 찾아 오각형은 빨간색으로, 육각형은 파란색으로 ○표 해 보세요. 오각형과 육각형은 각각 몇 개인가요?

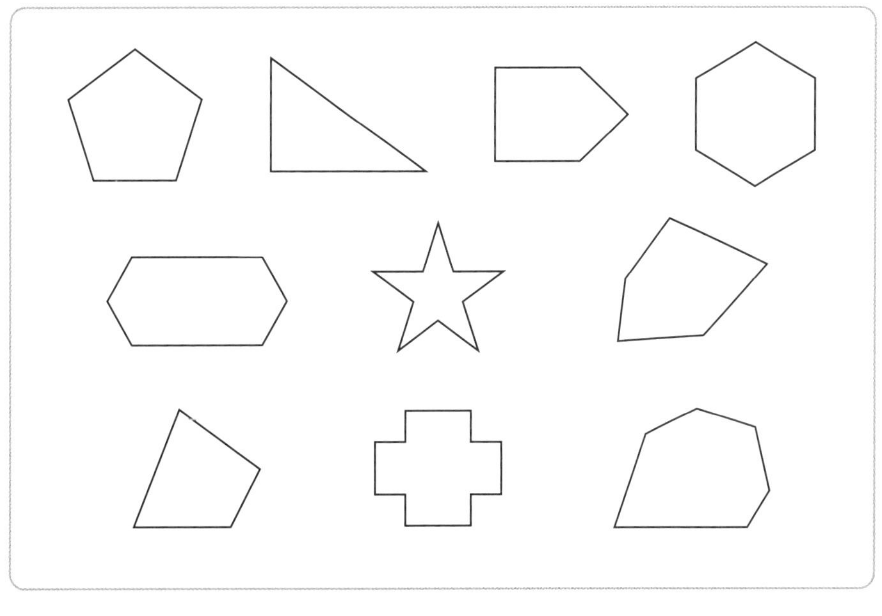

오각형 ( )

육각형 ( )

생각열기 2

방에 있는 물건을 설명할 수 있나요?

1 다음은 겨울이 방의 모습입니다. 설명하는 물건이 무엇인지 찾아 써 보세요.

책상 위에 있는 물건	
책상 오른쪽에 있는 물건	
책상 앞에 있는 물건	

2 쌓기나무를 정해진 색으로 칠해 보세요.

(1)

- 빨간색: 주황색 쌓기나무 위에 있는 쌓기나무
- 초록색: 주황색 쌓기나무 오른쪽에 있는 쌓기나무
- 파란색: 주황색 쌓기나무 왼쪽에 있는 쌓기나무

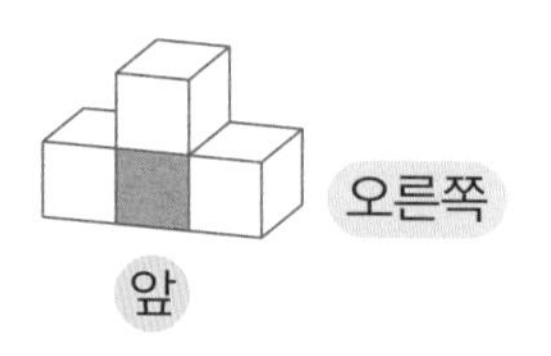

(2)

- 빨간색: 주황색 쌓기나무 위에 있는 쌓기나무
- 노란색: 주황색 쌓기나무 앞쪽에 있는 쌓기나무
- 파란색: 주황색 쌓기나무 왼쪽에 있는 쌓기나무

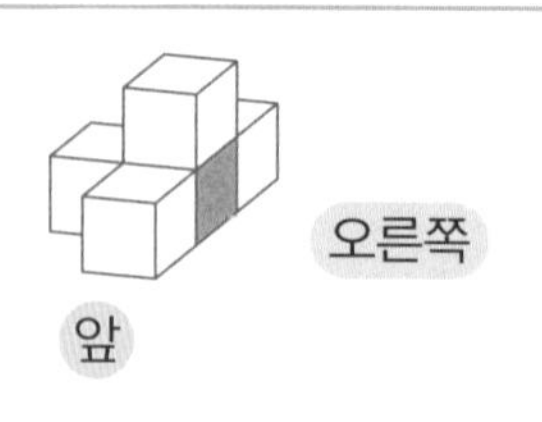

(3)

- 파란색: 주황색 쌓기나무 왼쪽에 있는 쌓기나무
- 초록색: 주황색 쌓기나무 오른쪽에 있는 쌓기나무
- 노란색: 주황색 쌓기나무 앞에 있는 쌓기나무

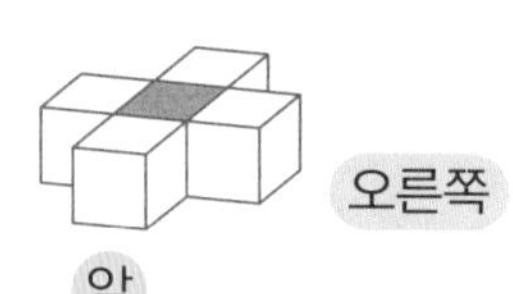

3 설명을 보고 똑같은 모양이 되도록 색칠해 보세요.

(1) 주황색 쌓기나무 위에 쌓기나무 2개가 있고, 오른쪽에 쌓기나무 2개가 2층으로 있습니다. 주황색 쌓기나무의 왼쪽에는 쌓기나무 1개가 있습니다.

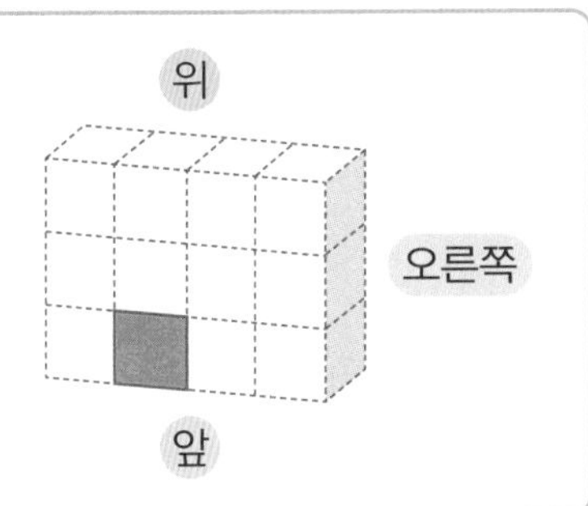

(2) 주황색 쌓기나무 위에 쌓기나무 1개가 있고, 오른쪽으로 쌓기나무 2개가 각각 1층으로 있습니다. 주황색 쌓기나무의 왼쪽에는 쌓기나무 2개가 2층으로 있습니다.

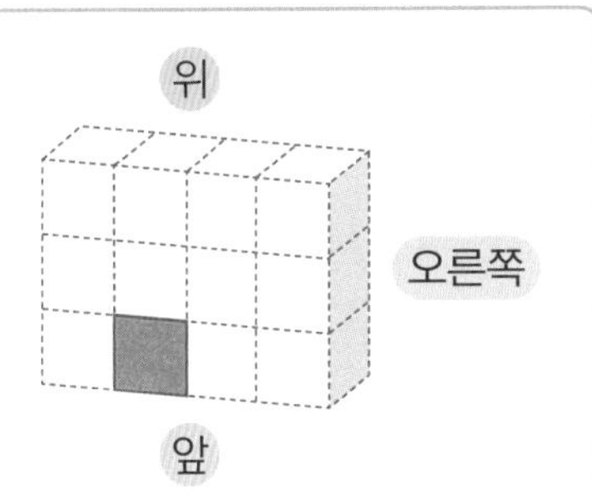

4 쌓은 모양을 설명해 보세요.

(1)

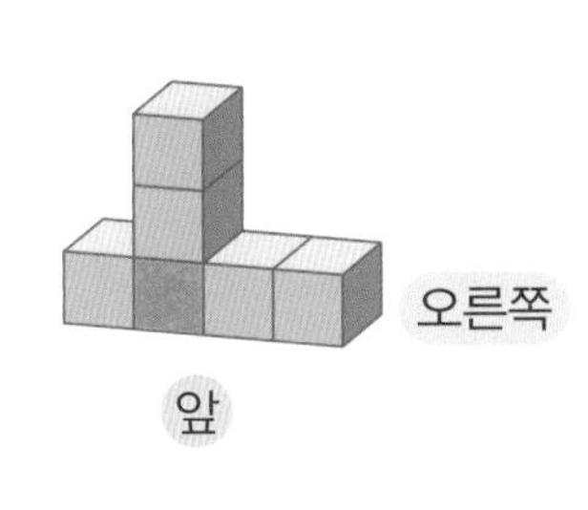

주황색 쌓기나무 오른쪽에

(2)

개념활용 ❷-1

여러 가지 모양으로 쌓아 보기

1 친구들이 설명하는 쌓기나무를 찾아 빨간색으로 색칠해 보세요.

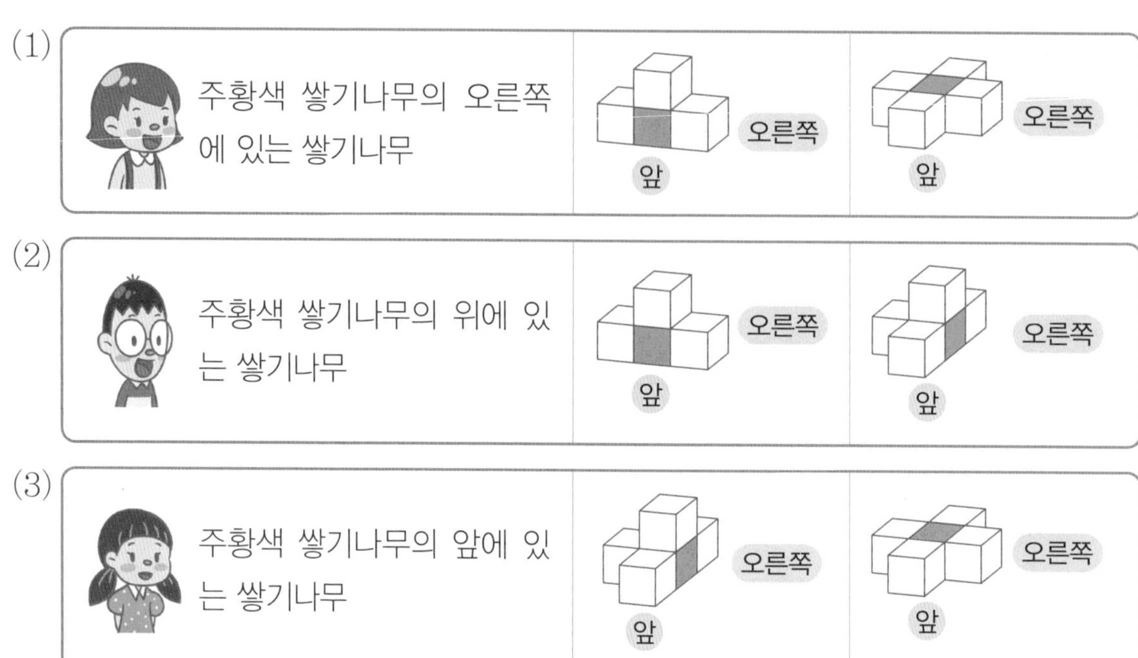

2 설명을 보고 똑같은 모양이 되도록 색칠해 보세요.

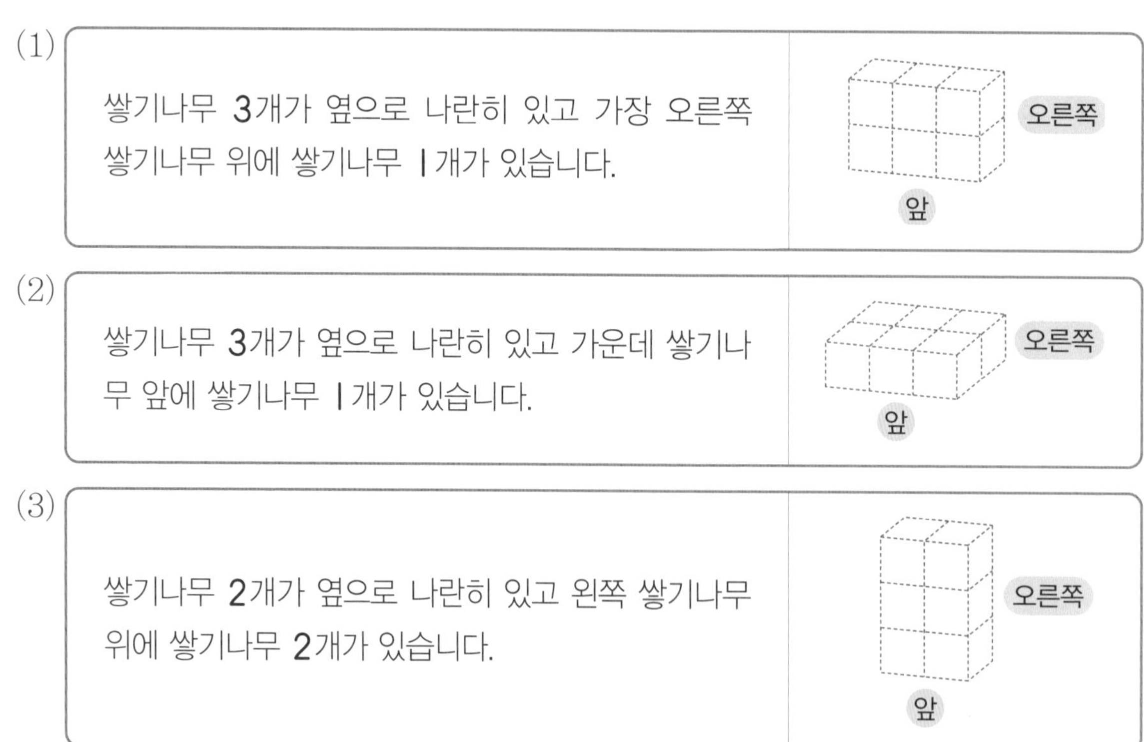

3 주어진 개수의 쌓기나무로 서로 다른 모양을 각각 3가지씩 만들어 보세요.

(1)

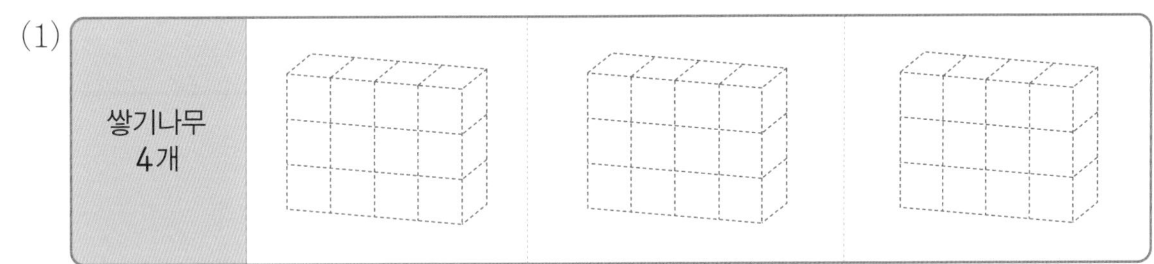

(2)

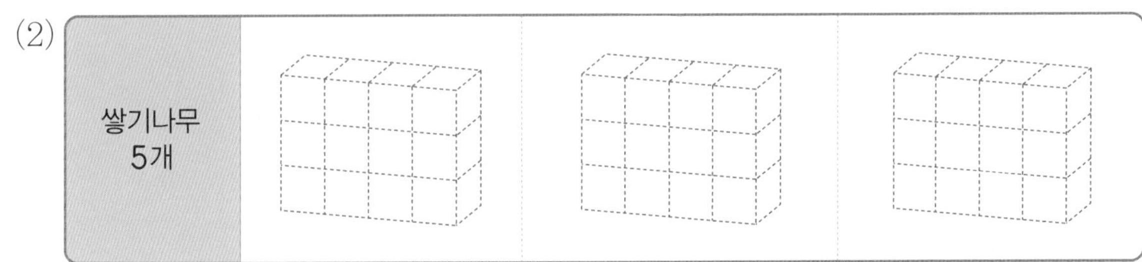

4 쌓은 모양을 설명해 보세요.

(1)

(2)

(3)

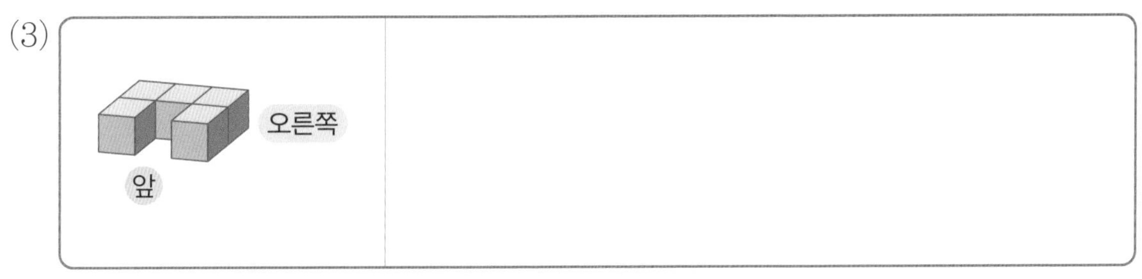

표현하기

여러 가지 도형

스스로 정리 원, 삼각형, 사각형의 개수를 세어 보세요.

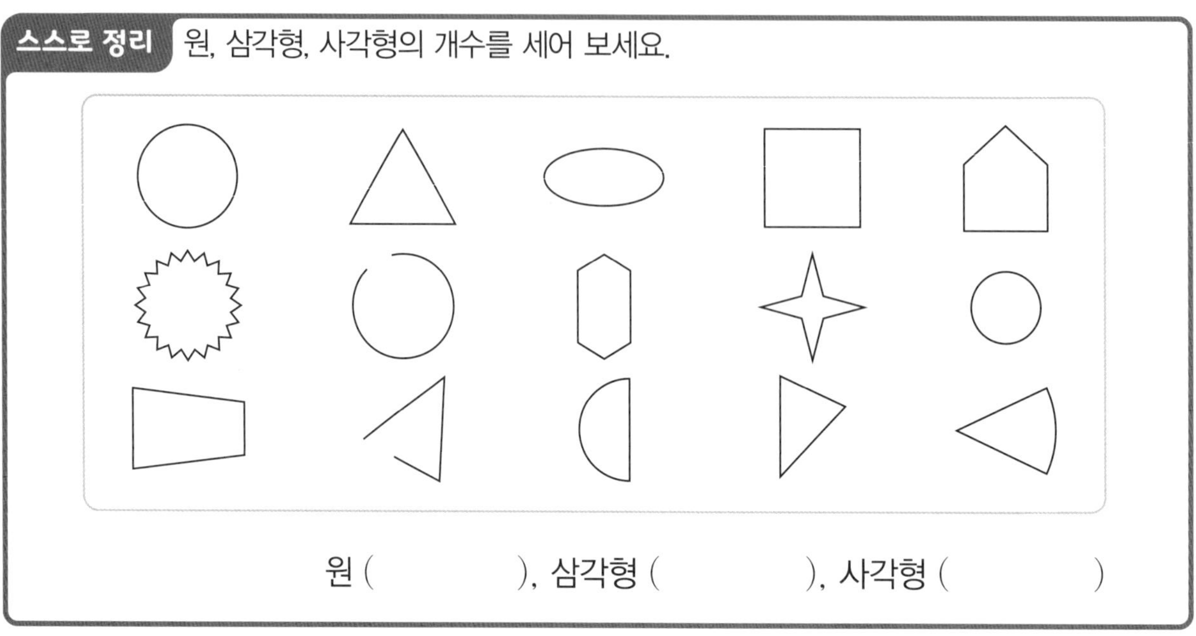

원 (　　　　), 삼각형 (　　　　), 사각형 (　　　　)

개념 연결 각 모양의 특징을 설명해 보세요.

주제	특징 설명하기	
■ 모양	뾰족한 곳이 4군데입니다.	
△ 모양		
● 모양		

1 각 도형의 특징을 꼭짓점과 변을 이용하여 친구에게 편지로 설명해 보세요.

삼각형	사각형	원

선생님 놀이

1 칠교판에 어떤 도형이 있고, 각각의 개수는 몇 개인지 설명해 보세요.

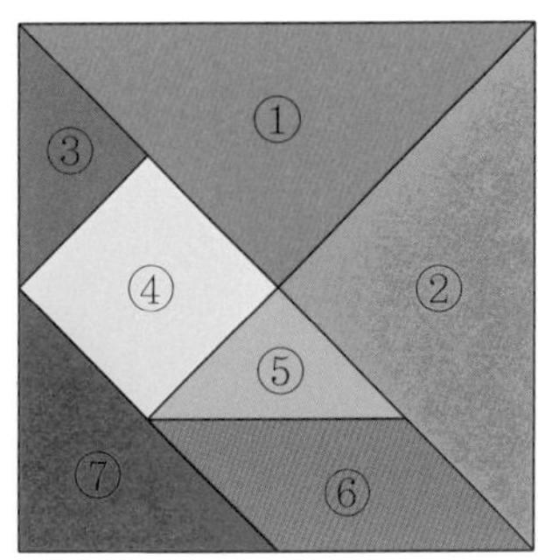

2 쌓기나무로 만든 모양을 설명해 보세요.

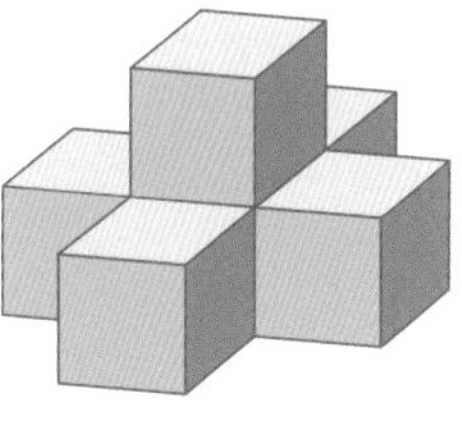

여러 가지 도형은 이렇게 연결돼요.

여러 가지 모양

여러 가지 도형

평면도형

원

단원평가 기본

1 다음 도형의 이름을 써넣으세요.

도형	도형의 이름
○	
△	
□	

2 그림을 보고 물음에 답하세요.

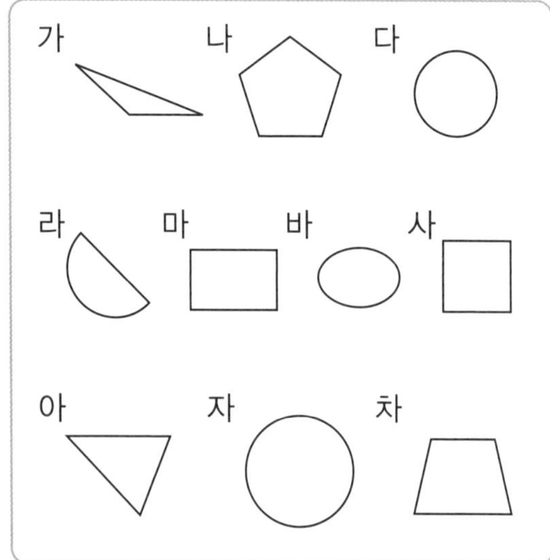

(1) 원을 모두 찾아 기호를 써 보세요.

(　　　　　　　　)

(2) 삼각형을 모두 찾아 기호를 써 보세요.

(　　　　　　　　)

(3) 사각형을 모두 찾아 기호를 써 보세요.

(　　　　　　　　)

3 □ 안에 알맞은 말을 써넣으세요.

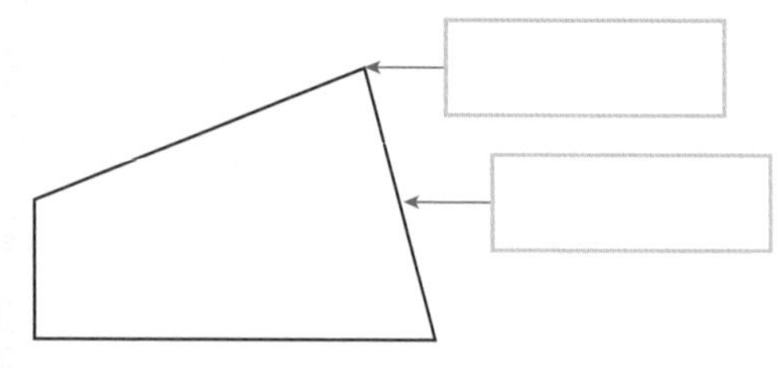

4 점판 위에 서로 다른 모양의 삼각형과 사각형을 각각 2개씩 그려 보세요.

5 표를 완성해 보세요.

	⬠	⬡
변의 수		
꼭짓점의 수		
도형의 이름		

6 친구들이 설명하는 도형은 무엇인가요?

이 도형은 변이 5개이고,
꼭짓점이 5개야.
곧은 선으로만 둘러싸여 있지.

( )

이 도형은 곧은 선이 없고, 굽은
선으로만 이어져 있어. 어느 쪽에서
보아도 똑같이 동그란 모양이지.

( )

이 도형은 굽은 선이 없고,
곧은 선으로만 둘러싸여 있어.
변이 4개이고, 꼭짓점이 4개야.

( )

7 설명을 보고 쌓기나무를 색칠해 보세요.

- 파란색 쌓기나무의 왼쪽에 노란색 쌓기나무
- 파란색 쌓기나무의 위에 빨간색 쌓기나무
- 파란색 쌓기나무의 오른쪽에 갈색 쌓기나무
- 노란색 쌓기나무의 앞에 초록색 쌓기나무

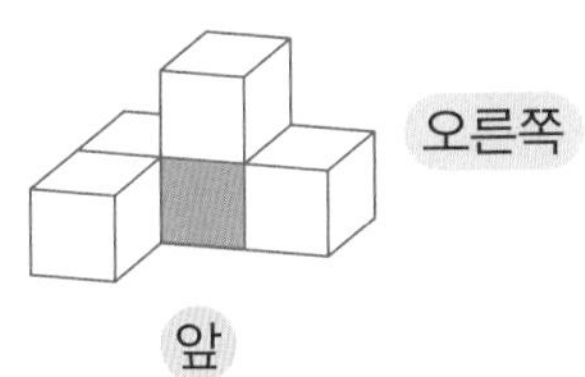

8 설명대로 쌓은 모양을 찾아 기호를 써 보세요.

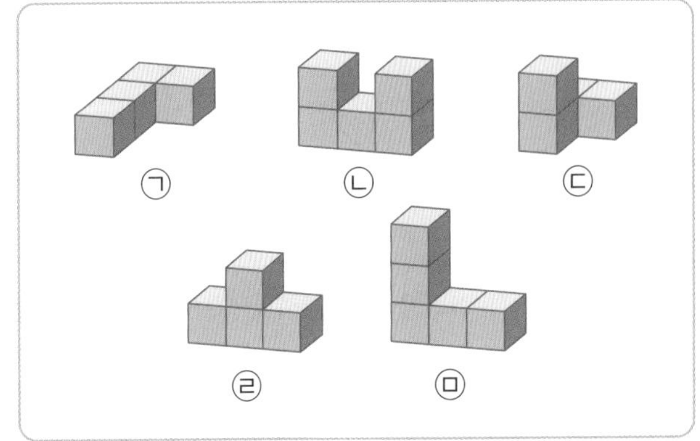

쌓기나무 3개가 나란히 있고 그 위에 양쪽 끝으로 쌓기나무가 1개씩 있습니다.	
쌓기나무 2개가 나란히 있고 왼쪽 쌓기나무 앞에 쌓기나무 2개를 2층으로 쌓았습니다.	
쌓기나무 3개가 나란히 있고 가장 왼쪽 쌓기나무 위에 쌓기나무 2개가 있습니다.	

9 쌓기나무로 만든 모양을 설명해 보세요.

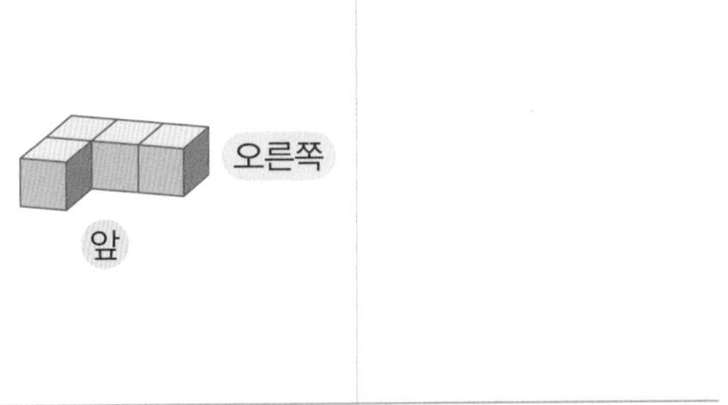

단원평가 심화

1 겨울이와 가을이의 말에 대답해 보세요.

(1)

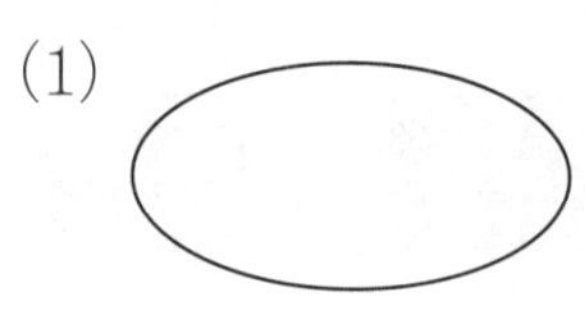

겨울

이 도형은 원이야. 왜냐하면 뾰족한 부분이 없고 굽은 선으로만 이어져 있기 때문이야.

나: 이 도형은 원이 (맞아 , 아니야).

왜냐하면 ______________________

(2)

가을

칠교판 조각 중 삼각형은 노란색으로, 사각형은 파란색으로 색칠했어. ㉮ 조각은 삼각형이 아니고, ▢ 모양이 아니기 때문에 사각형도 아니야.

나: ㉮ 조각은 사각형이 (맞아 , 아니야).

왜냐하면 ______________________

2 두 도형의 같은 점과 다른 점을 써 보세요.

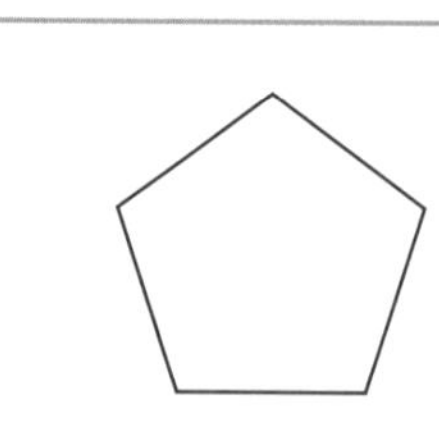

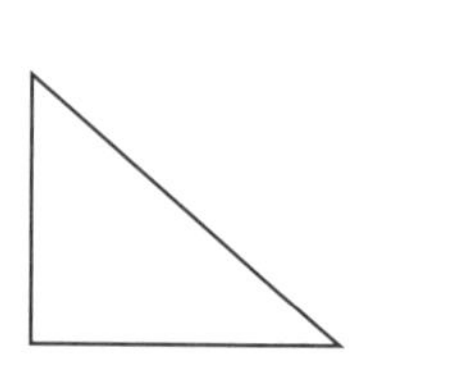

같은 점	다른 점

3 꿀벌은 (가)와 같이 동그란 모양으로 집을 짓지만, 집은 마르는 과정에서 (나)처럼 모양이 바뀐다고 합니다. (나)와 같은 꿀벌의 집에서 찾을 수 있는 도형의 이름을 쓰고 도형의 특징을 2가지 써 보세요.

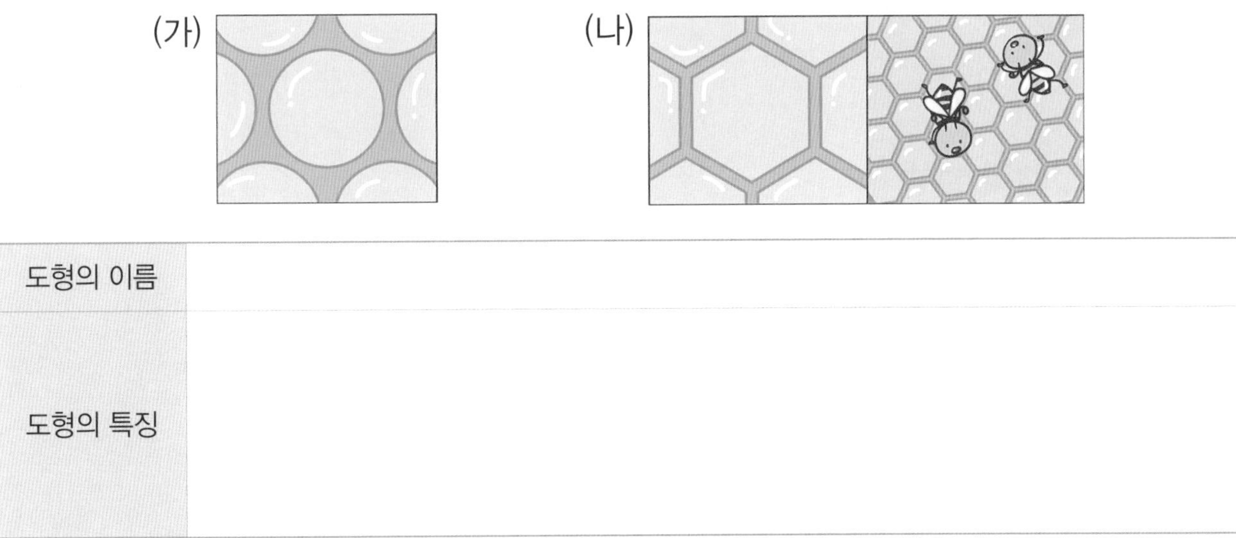

도형의 이름	
도형의 특징	

4 세계 여러 나라에는 재미있는 건축물이 많이 있습니다. 여름이는 그중 한 건축물의 지붕 모양의 가장 윗부분을 쌓기나무 9개로 똑같이 만들어 보려고 합니다. 보기 를 보고 어떻게 쌓으면 되는지 그려 보세요.

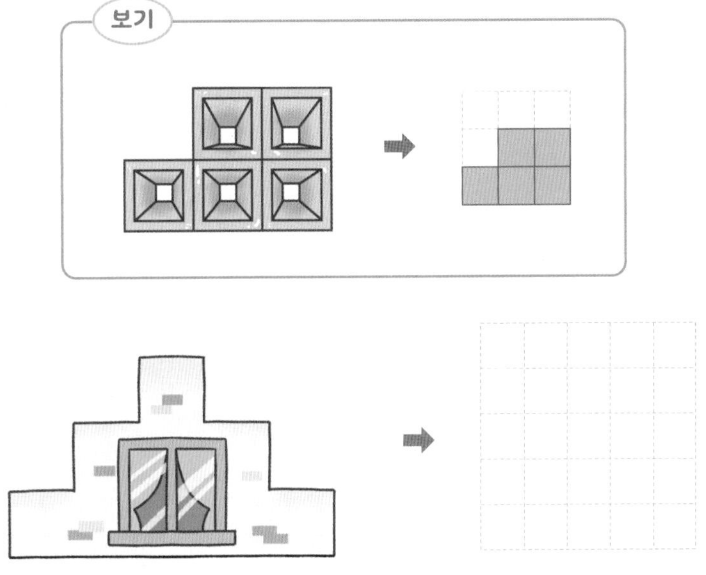

3 버스에 몇 명이 타고 있나요?

덧셈과 뺄셈

* 일의 자리, 십의 자리를 따져 가면서 덧셈과 뺄셈을 해요.
* 덧셈이나 뺄셈을 여러 가지 방법으로 할 수 있어요.

Check 스스로 다짐하기

- □ 말한 것, 생각한 것을 글로 꼭 써 보세요.
- □ 정답만 쓰지 말고 이유도 꼭 써 보세요.
- □ 익숙하게 빨리 하는 것도 필요해요.
- □ 빨리 하는 것도 중요하지만, 자세하고 정확하게 하는 것이 더 중요해요.

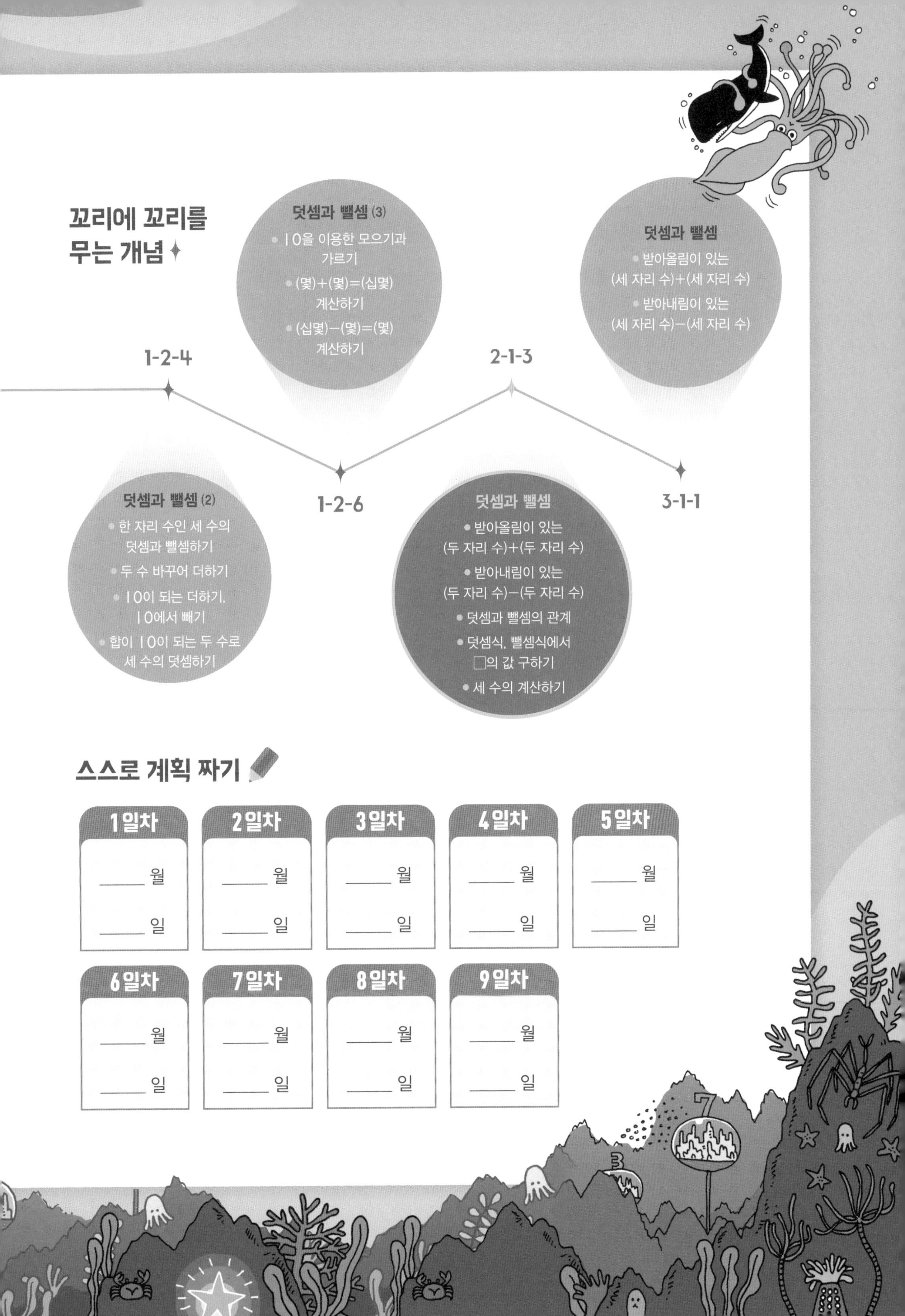

꼬리에 꼬리를 무는 개념

1-2-4
덧셈과 뺄셈 (2)
- 한 자리 수인 세 수의 덧셈과 뺄셈하기
- 두 수 바꾸어 더하기
- 10이 되는 더하기, 10에서 빼기
- 합이 10이 되는 두 수로 세 수의 덧셈하기

덧셈과 뺄셈 (3)
- 10을 이용한 모으기과 가르기
- (몇)+(몇)=(십몇) 계산하기
- (십몇)−(몇)=(몇) 계산하기

1-2-6
덧셈과 뺄셈
- 받아올림이 있는 (두 자리 수)+(두 자리 수)
- 받아내림이 있는 (두 자리 수)−(두 자리 수)
- 덧셈과 뺄셈의 관계
- 덧셈식, 뺄셈식에서 □의 값 구하기
- 세 수의 계산하기

2-1-3
덧셈과 뺄셈
- 받아올림이 있는 (세 자리 수)+(세 자리 수)
- 받아내림이 있는 (세 자리 수)−(세 자리 수)

3-1-1

스스로 계획 짜기

1일차	2일차	3일차	4일차	5일차
____ 월 ____ 일	____ 월 ____ 일	____ 월 ____ 일	____ 월 ____ 일	____ 월 ____ 일

6일차	7일차	8일차	9일차
____ 월 ____ 일	____ 월 ____ 일	____ 월 ____ 일	____ 월 ____ 일

1-2	1-2	1-2
세 수의 덧셈과 뺄셈	10이 되는 더하기, 10에서 빼기	덧셈구구 뺄셈구구

기억 1 세 수의 덧셈과 뺄셈

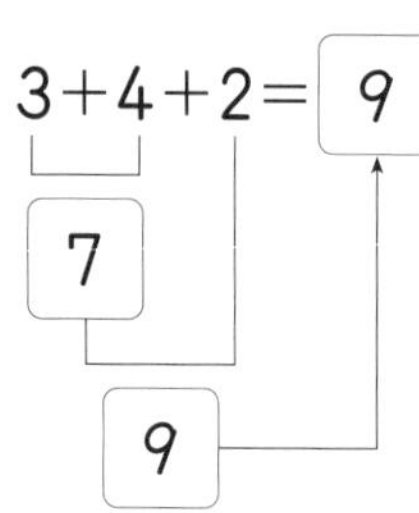

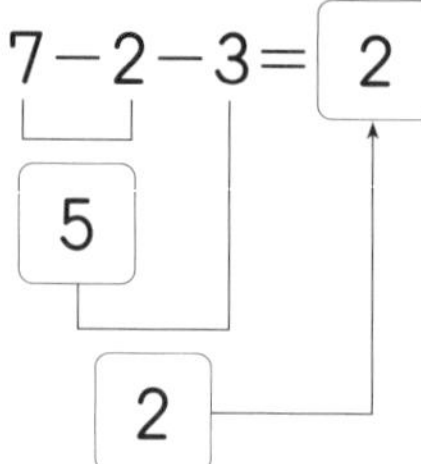

1 계산해 보세요.

(1) $4+2+2$

(2) $8-5-1$

(3) $2+3+4$

(4) $9-3-4$

기억 2 10이 되는 더하기, 10에서 빼기

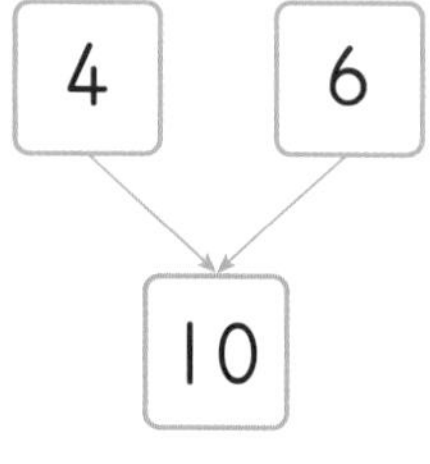

4+ 6 =10

10 / 9 1

10−9= 1

2 □ 안에 알맞은 수를 써넣으세요.

(1) $\square+3=10$

(2) $10-2=\square$

(3) $9+\square=10$

(4) $10-5=\square$

기억 3 10을 만들어 더하기

$$\underbrace{7+3}_{10}+8=18 \qquad 2+\underbrace{6+4}_{10}=12$$

앞의 두 수를 더해 10을 만들거나 뒤의 두 수를 더해 10을 만들고 계산합니다.

3 □ 안에 알맞은 수를 써넣으세요.

(1) 4+6+7
=□+7=□

(2) 3+8+2
=3+□=□

(3) 5+5+8
=□+8=□

(4) 5+1+9
=5+□=□

기억 4 덧셈구구, 뺄셈구구

4+4	4+5	4+6
8	9	10
5+4	5+5	5+6
9	10	11
6+4	6+5	6+6
10	11	12

11−2	11−3	11−4	11−5
9	8	7	6
	12−3	12−4	12−5
	9	8	7
		13−4	13−5
		9	8

4 빈칸에 알맞은 수를 써넣으세요.

(1)

7+6	7+7	7+8	7+9
□	□	□	□
8+6	8+7	8+8	8+9
□	□	□	□
9+6	9+7	9+8	9+9
□	□	□	□

(2)

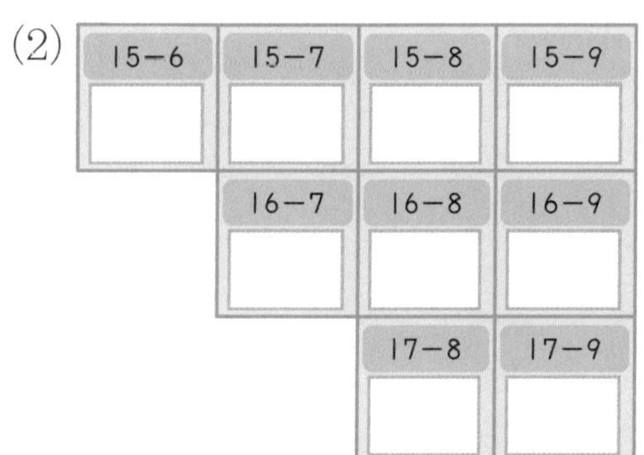

15−6	15−7	15−8	15−9
□	□	□	□
	16−7	16−8	16−9
	□	□	□
		17−8	17−9
		□	□

생각열기 1

봄이의 모양 조각의 수는 모두 몇 개일까요?

1 봄이가 가지고 있는 모양 조각의 수는 모두 몇 개인지 알아보세요.

(1) 모양 조각의 수를 구하는 방법을 써 보세요.

(2) 모양 조각의 수를 구하는 다른 방법을 써 보세요.

2 여름이가 가지고 있는 모양 조각의 수를 여러 가지 방법으로 알아보세요.

(1) △의 수와 ▱의 수를 더하는 방법을 다양하게 써 보세요.

(2) 위의 방법 중 어떤 것이 가장 편리하고, 그 이유는 무엇인지 써 보세요.

개념활용 ①-1

덧셈 방법

1 겨울이가 가지고 있는 모양 조각의 수는 모두 몇 개인지 알아보세요.

(1) 방법1 을 보고 모양 조각의 수를 어떻게 알 수 있는지 써 보세요.

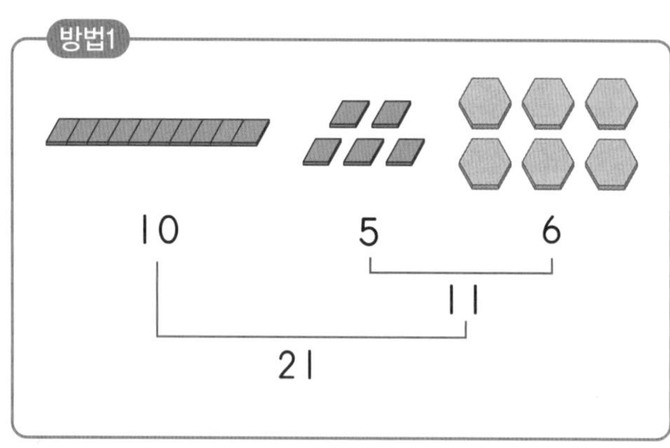

(2) 방법1 과 같은 방법으로 모양 조각의 수를 알아보세요.

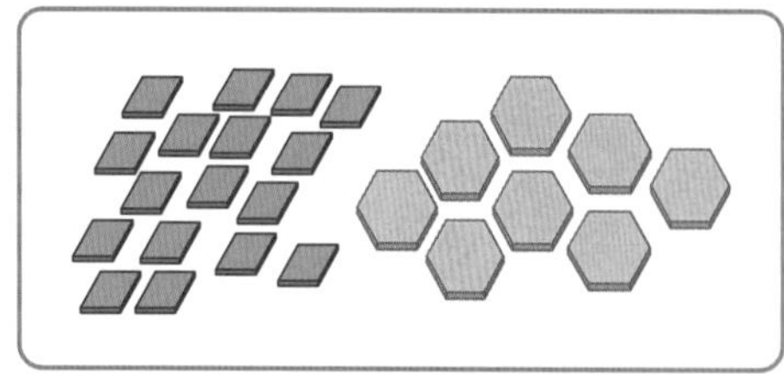

2 봄이가 가지고 있는 모양 조각의 수는 모두 몇 개인지 알아보세요.

(1) 방법2 를 보고 모양 조각의 수를 어떻게 알 수 있는지 써 보세요.

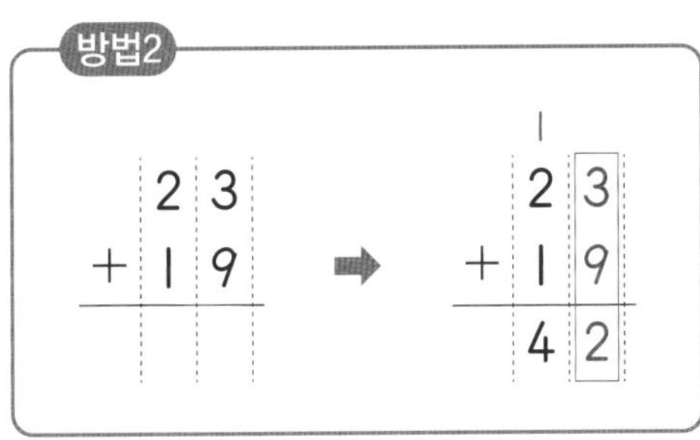

(2) 방법2 와 같은 방법으로 모양 조각의 수를 알아보세요.

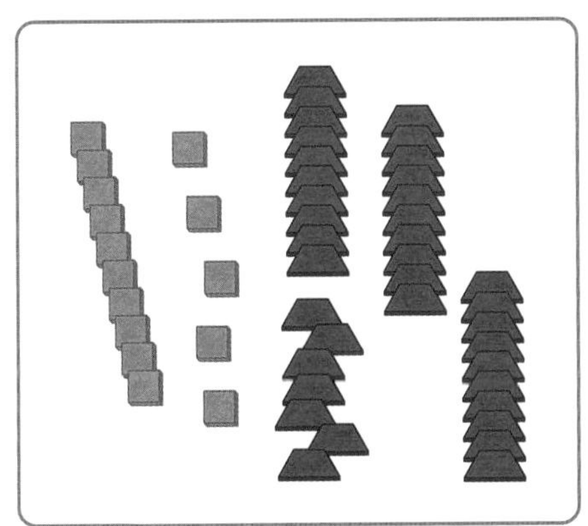

덧셈 방법

3 여름이가 가지고 있는 모양 조각의 수는 모두 몇 개인지 알아보세요.

(1) 방법3 을 보고 모양 조각의 수를 어떻게 알 수 있는지 써 보세요.

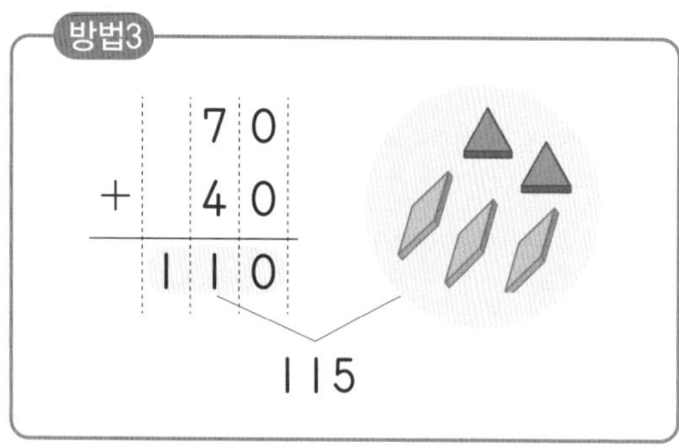

(2) 방법3 과 같은 방법으로 모양 조각의 수를 알아보세요.

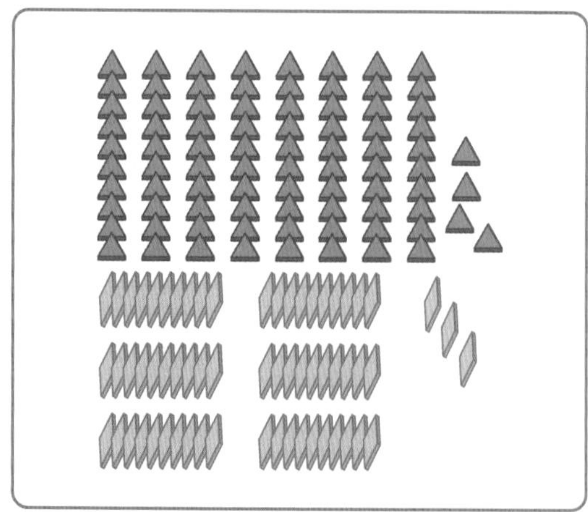

4 방법1, 방법2, 방법3 중 하나를 이용하여 수 모형이 모두 몇 개인지 알아보세요.

(1)

(2)

개념 정리 27+29를 수 모형으로 계산하기

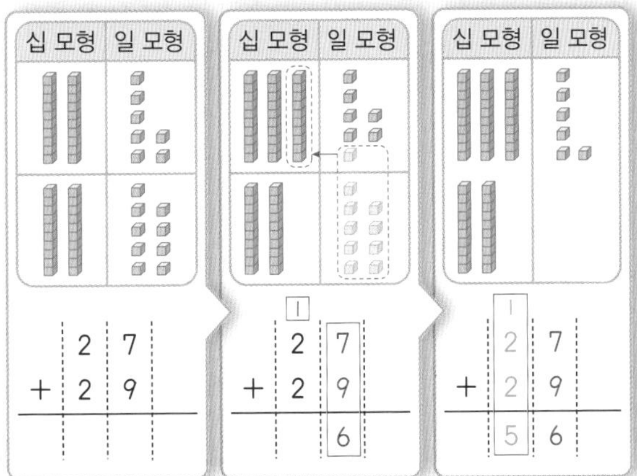

① 수 모형에서 십 모형은 십 모형끼리, 일 모형은 일 모형끼리 더합니다.

② 일 모형의 합이 10보다 크므로, 십의 자리에 받아올림으로 1을 표시하고 남은 6은 일의 자리에 내려 씁니다.

③ 십 모형을 더한 4에 받아올림한 것을 더한 5를 십의 자리에 내려 씁니다.

개념활용 ❶-2

세로로 더하기

1 이야기 속 가을이의 문제를 풀어 보세요.

(1) 크림빵과 단팥빵의 수의 합을 어떻게 구할 수 있는지 써 보세요.

(2) 빵의 수를 구할 때 어려운 점이나 중요한 점을 써 보세요.

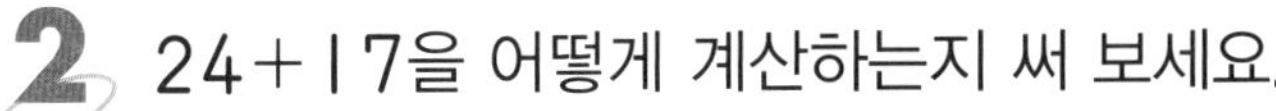

2 24+17을 어떻게 계산하는지 써 보세요.

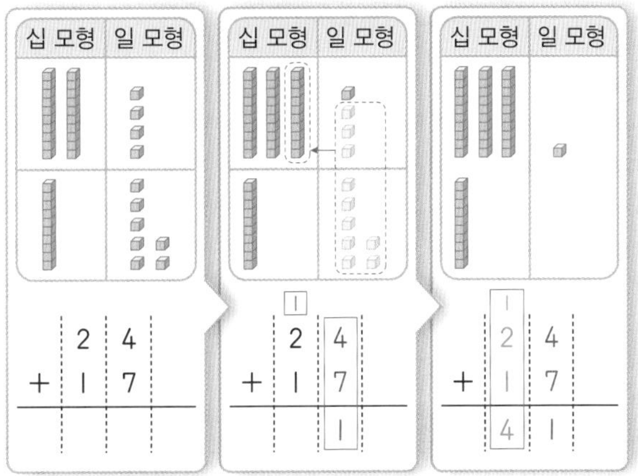

개념 정리 78+43을 세로로 계산하기

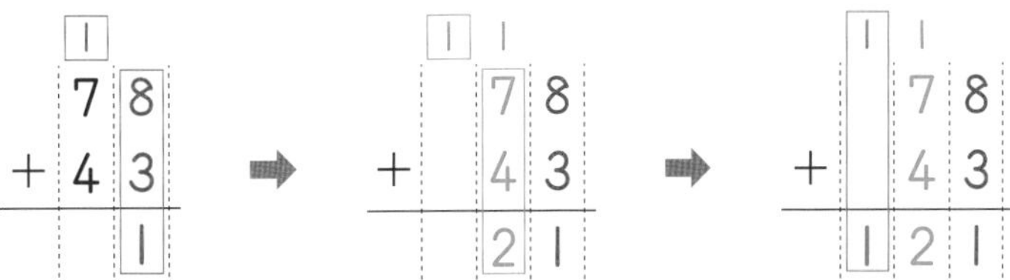

① 일의 자리 수 8과 3의 합은 11입니다. 11에서 받아올림으로 십의 자리에 1을 표시하고 남은 1은 일의 자리에 내려 씁니다.

② 십의 자리 수 1, 7, 4의 합은 120입니다. 120에서 받아올림으로 백의 자리에 1을 표시하고 남은 20은 십의 자리에 내려 씁니다.

③ 받아올림한 100을 백의 자리에 내려 씁니다.

생각열기 ②

누가 바둑알을 더 많이 가지고 있나요?

1 가을이와 여름이가 바둑알 놀이를 하고 있습니다. 가을이는 여름이보다 바둑알을 몇 개 더 많이 가지고 있는지 알아보려고 해요.

(1) 가을이가 바둑알을 몇 개 더 많이 가지고 있는지 알 수 있는 방법을 써 보세요.

(2) 가을이가 바둑알을 몇 개 더 많이 가지고 있는지 알아보는 다른 방법을 써 보세요.

2 겨울이와 봄이가 구슬을 가지고 있습니다. 봄이의 구슬은 겨울이의 구슬보다 몇 개 더 많은지 여러 가지 방법으로 알아보려고 해요.

(1) 겨울이와 봄이가 가진 구슬의 수는 각각 몇 개인지 세는 방법을 써 보세요.

(2) ●의 수에서 ●의 수를 빼는 방법을 써 보세요.

(3) 위의 방법 중 어떤 것이 가장 편리하고, 그 이유는 무엇인지 써 보세요.

개념활용 ②-1

뺄셈 방법

바둑알의 검은 돌이 흰 돌보다 몇 개 더 많은지 알아보세요.

(1) 방법1 을 보고 검은 돌이 흰 돌보다 몇 개 더 많은지 알 수 있는 방법을 써 보세요.

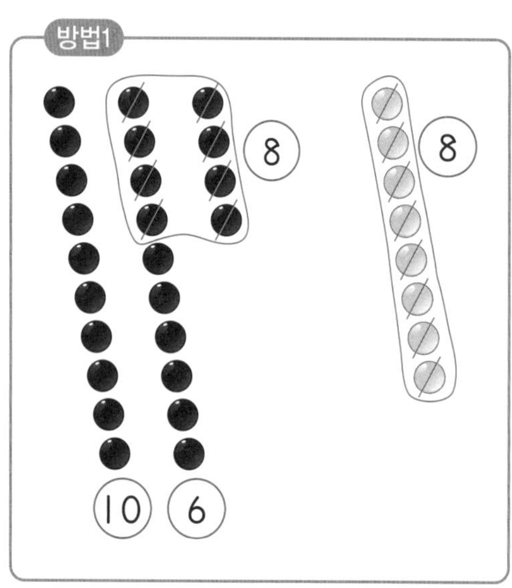

(2) 방법1 과 같은 방법으로 검은 돌이 흰 돌보다 몇 개 더 많은지 알아보세요.

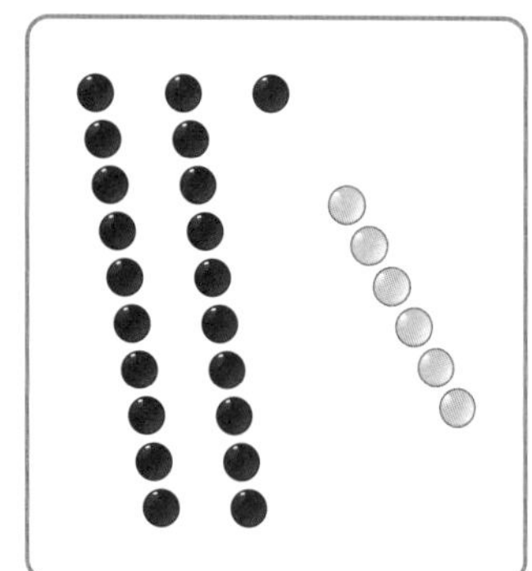

2 파란 딱지가 빨간 딱지보다 몇 개 더 많은지 알아보세요.

(1) 방법2 를 보고 파란 딱지가 빨간 딱지보다 몇 개 더 많은지 알 수 있는 방법을 써 보세요.

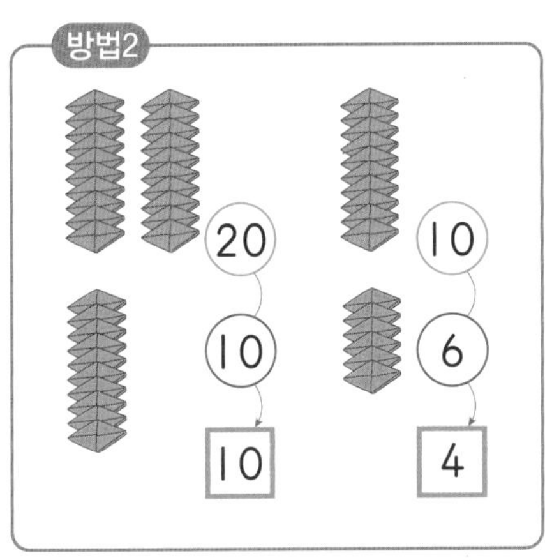

(2) 방법2 와 같은 방법으로 파란 딱지가 빨간 딱지보다 몇 개 더 많은지 알아보세요.

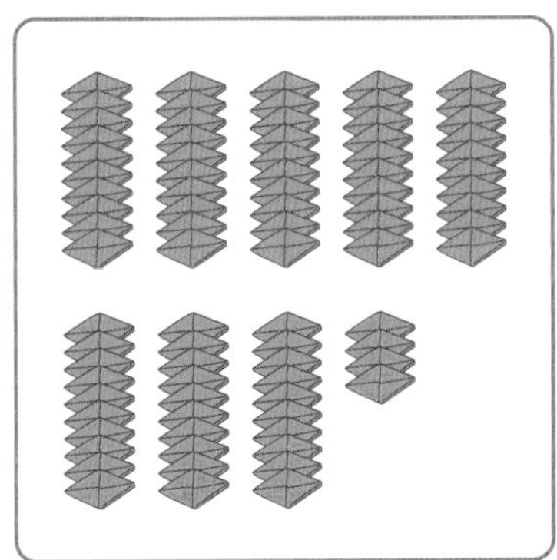

개념활용 ❷-1

뺄셈 방법

3 초록 구슬이 주황 구슬보다 몇 개 더 많은지 알아보세요.

(1) 방법3 을 보고 초록 구슬이 주황 구슬보다 몇 개 더 많은지 알 수 있는 방법을 써 보세요.

방법3

$$\begin{array}{r} 33 \\ -\ 17 \\ \hline \end{array} \Rightarrow \begin{array}{r} \scriptstyle 2\ 10 \\ \not{3}3 \\ -\ 17 \\ \hline 16 \end{array}$$

(2) 방법3 과 같은 방법으로 초록 구슬이 주황 구슬보다 몇 개 더 많은지 알아보세요.

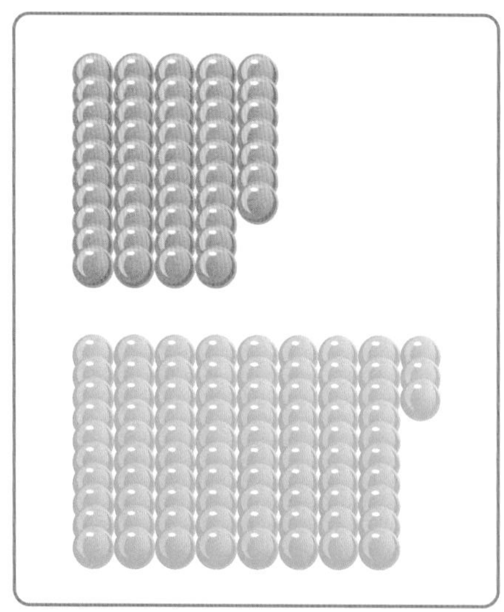

4 방법1, 방법2, 방법3 중 하나를 이용하여 파란색 수 모형이 몇 개 더 많은지 알아보세요.

(1)

(2)

개념 정리 40−25를 수 모형으로 계산하기

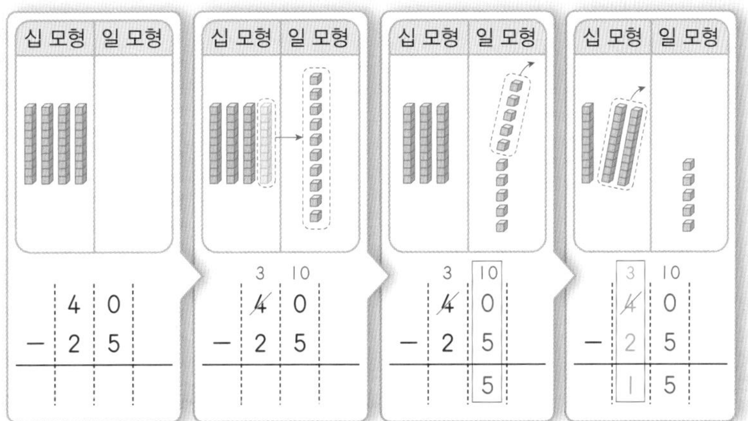

① 빼는 수의 일 모형이 더 많으므로 십 모형 1개를 일 모형 10개로 바꿉니다. 십의 자리 수 4를 3으로 고치고, 일의 자리 위에 10을 내려 써서 표시합니다.

② 일 모형끼리 빼고 남은 것이 5개이므로 5를 일의 자리에 내려 씁니다.

③ 십 모형끼리 빼고 남은 것이 1개이므로 1을 십의 자리에 내려 씁니다.

개념활용 ❷-2

세로로 빼기

1 이야기 속 여름이의 문제를 풀어 보세요.

선생님께서 상자 속에 빵을 담아 오셨어요.
"우리 반 친구들이 점심시간에 급식을 남기지 않고 잘 먹었어요. 그래서 선물로 빵을 주려고 해요."
선생님께서 여름이에게 빵을 나누어 주라고 하셨어요. 여름이는 상자 속 빵을 보고 선생님께 질문했어요.
"선생님, 빵이 모자라요!"
"그래? 몇 개나 모자라는데?"
"우리 반 학생이 32명이니까 □개 모자라요."

(1) 모자란 빵의 수를 어떻게 구할 수 있는지 써 보세요.

(2) 모자란 빵의 수를 구할 때 어려운 점이나 중요한 점을 써 보세요.

2 43－17을 어떻게 계산하는지 설명해 보세요.

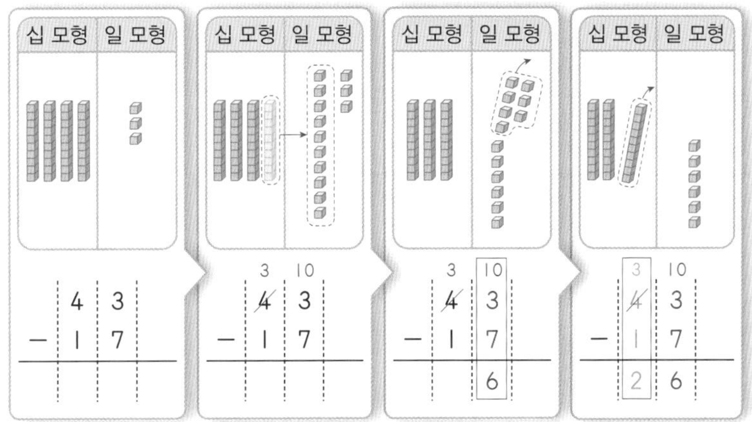

개념 정리 54－28을 세로로 계산하기

$\begin{array}{r} 54 \\ -\,28 \\ \hline \end{array}$ ➡ $\begin{array}{r} \scriptstyle 4\ 10 \\ \not{5}4 \\ -\,28 \\ \hline \end{array}$ ➡ $\begin{array}{r} \scriptstyle 4\ 10 \\ \not{5}4 \\ -\,28 \\ \hline 6 \end{array}$ ➡ $\begin{array}{r} \scriptstyle 4\ 10 \\ \not{5}4 \\ -\,28 \\ \hline 26 \end{array}$

① 빼는 수의 일의 자리 수가 더 크므로 십의 자리에서 10을 받아내림하여 일의 자리에 표시하고 십의 자리 수를 4로 고칩니다.

② 일의 자리 수끼리 뺀 수 6을 일의 자리에 내려 씁니다.

③ 십의 자리 수끼리 뺀 수 2를 십의 자리에 내려 씁니다.

생각열기 3

버스에 몇 명이 타고 있나요?

1 버스에 몇 명이 타고 있는지 알아보려고 해요.

28명이 타고 있습니다. 16명이 탑니다. 17명이 내립니다.

(1) 버스에 몇 명이 타고 있는지 어떻게 알 수 있을까요?

(2) 버스에 몇 명이 타고 있는지 알아보는 식을 만들고, 답을 구해 보세요.

(3) 위에서 만든 식으로 답을 어떻게 구했는지 써 보세요.

2 교실에 있는 책을 빌려 가거나 반납한 권수를 적은 것입니다. 처음에 책이 모두 몇 권 있었는지 알아보려고 해요.

4월 27일 도서 현황

빌려 간 책	33권
반납한 책	29권
책꽂이에 남은 책	22권

(1) 오늘은 4월 27일입니다. 처음에 있었던 책은 언제의 책이라고 할 수 있는지 써 보세요.

(2) 처음에 책이 모두 몇 권 있었는지 알아보고, 어떻게 구했는지 써 보세요.

(3) 다음 날에도 학생들이 책을 빌려 가고 반납했습니다. 책꽂이에 책이 모두 몇 권 남아 있는지 알아보고, 어떻게 구했는지 써 보세요.

4월 28일 도서 현황

빌려 간 책	43권
반납한 책	27권
책꽂이에 남은 책	☐권

개념활용 ❸-1

여러 가지 방법으로 더하거나 빼기

1 세 수를 계산해 보세요.

(1) □ 안에 알맞은 수를 써넣으세요.

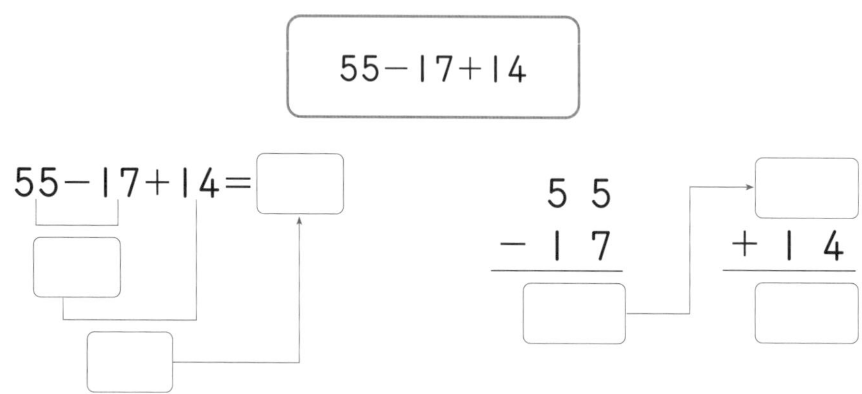

(2) 위의 방법을 이용해서 다음을 계산해 보세요.

34－19＋18	48＋13－25

2 수 카드 [12], [7], [5]를 사용하여 덧셈식과 뺄셈식을 만들어 보세요.

(1) □＋□＝□
□＋□＝□

(2) □－□＝□
□－□＝□

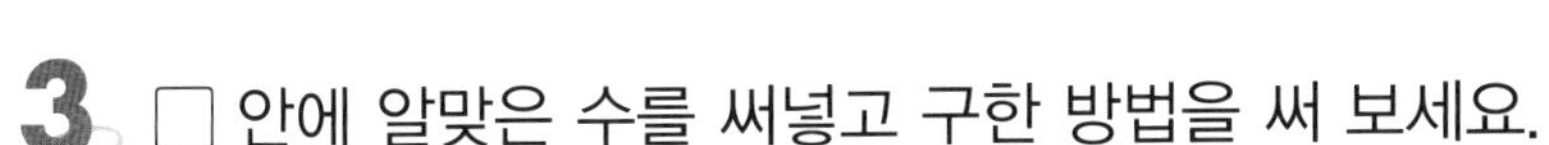

3 □ 안에 알맞은 수를 써넣고 구한 방법을 써 보세요.

(1)

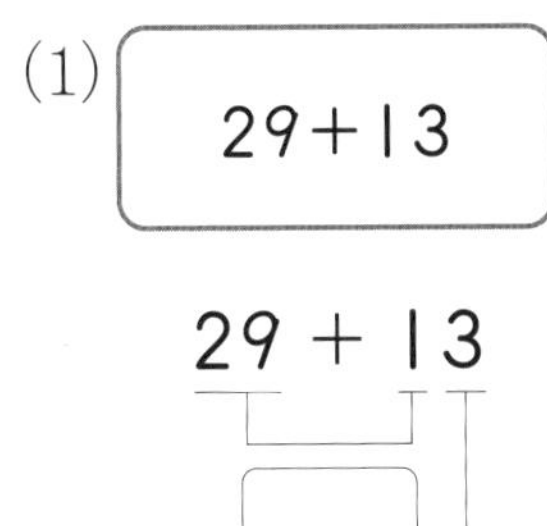

29+13

29 + 13

(2)

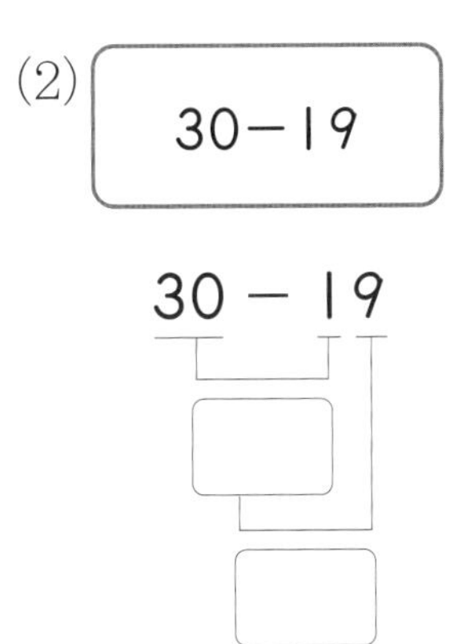

30−19

30 − 19

4 □를 사용하여 덧셈식이나 뺄셈식을 만들어 보세요.

(1) 겨울이는 색종이 5장을 가지고 있었습니다. 봄이에게 몇 장을 더 받았더니 13장이 되었습니다.

덧셈식 ______________________

(2) 여름이는 초콜릿 15개를 가지고 있었습니다. 그중에서 몇 개를 먹었더니 7개가 남았습니다.

뺄셈식 ______________________

표현하기

덧셈과 뺄셈

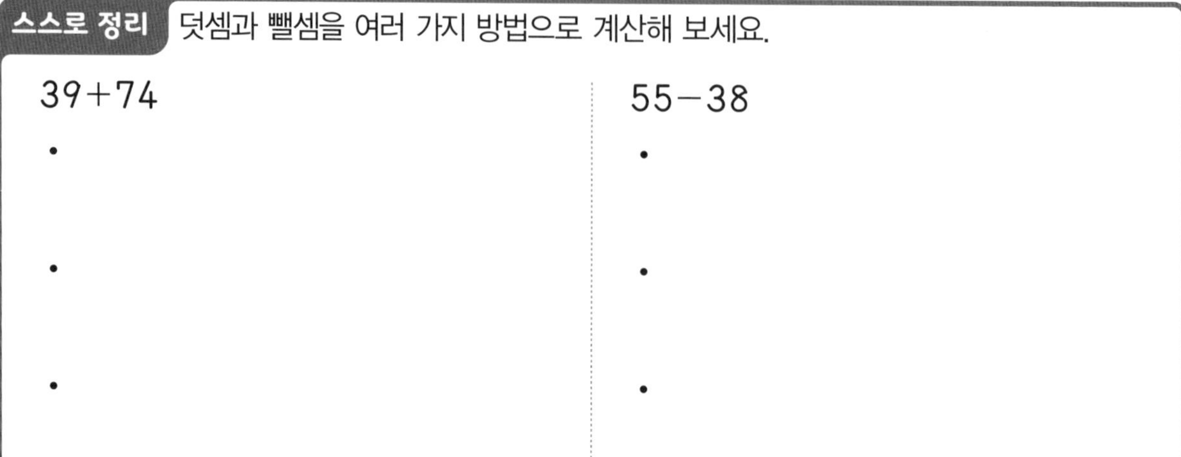

스스로 정리 덧셈과 뺄셈을 여러 가지 방법으로 계산해 보세요.

39+74	55−38
•	•
•	•
•	•

개념 연결 계산해 보세요.

주제	계산하기	
두 수의 덧셈	(1) 6+8	(2) 9+4
	(3) 3+8	(4) 7+5
두 수의 뺄셈	(1) 17−8	(2) 12−5
	(3) 16−9	(4) 15−7

1 받아올림 또는 받아내림을 이용하여 계산하고, 어떻게 계산했는지 친구에게 편지로 설명해 보세요.

35+86	56−29

1 수 카드 2장을 골라 두 자리 수를 만든 다음, 93에서 빼려고 합니다. 계산 결과가 가장 작은 뺄셈식을 만들고, 어떻게 만들었는지 설명해 보세요.

5	6	7

2 놀이공원의 코끼리 버스에 43명이 타고 있었습니다. 아프리카관 앞에서 16명이 내리고, 8명이 탔으면 코끼리 버스에는 몇 명이 타고 있는지 설명해 보세요.

덧셈과 뺄셈은 이렇게 연결돼요.

받아올림이 없는 두 자리 수의 덧셈과 뺄셈

받아올림이 있는 두 자리 수의 덧셈과 뺄셈

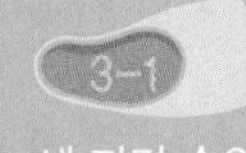

세 자리 수의 덧셈

3-1 세 자리 수의 뺄셈

단원평가 기본

1 보기 와 같은 방법으로 모양 조각의 수를 구해 보세요.

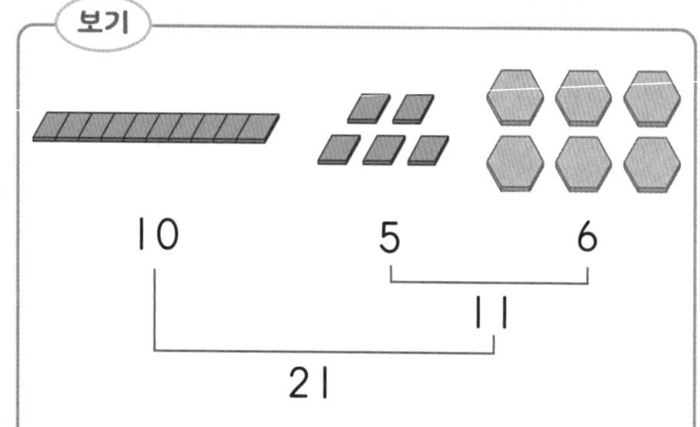

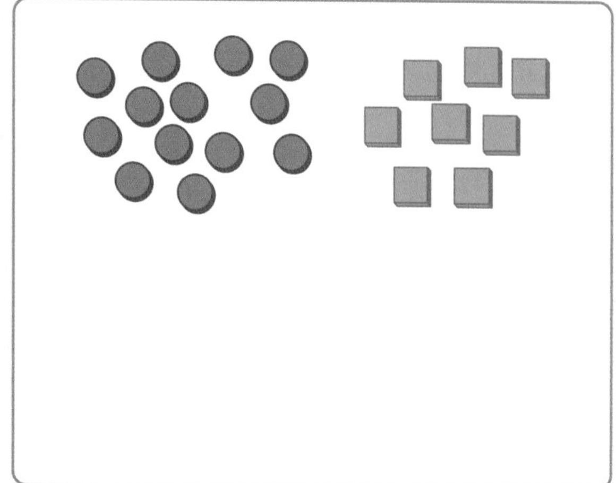

2 □ 안의 숫자 1이 실제로 나타내는 수는 얼마인가요? (　　　　)

$$\begin{array}{r} \boxed{1} \\ 46 \\ +9 \\ \hline 55 \end{array}$$

① 1　② 10　③ 20　④ 50　⑤ 100

3 계산해 보세요.

(1) 37+45

(2) 74−38

4 수 카드 2장을 골라 차가 55가 되는 식을 만들어 보세요.

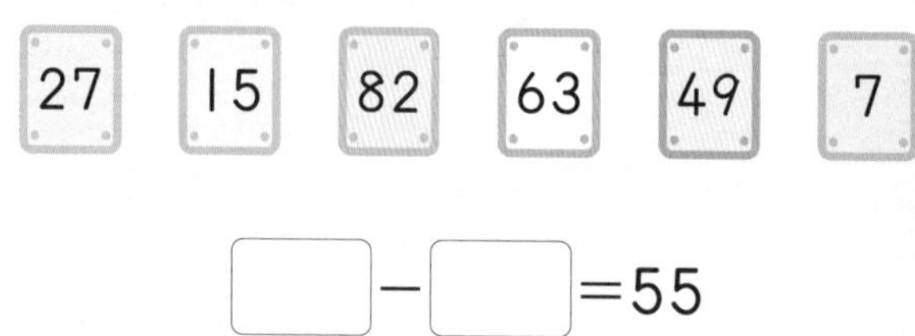

□−□=55

5 덧셈식을 뺄셈식으로 나타내어 보세요.

56+9=65

➡ □−□=□

➡ □−□=□

6 세 수의 계산 과정을 써 보세요.

37+14−9	
53−19+48	

7 덧셈을 해 보세요.

(1)

(2)

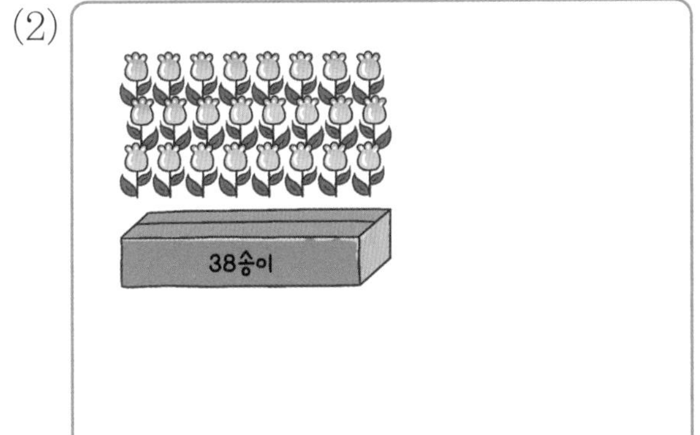

(3)

$$\begin{array}{r} 3\ 9 \\ +\ 4\ 2 \\ \hline \end{array}$$

(4) 47+26

8 합이 ● 안의 수가 되는 두 수를 찾아 덧셈식을 써 보세요.

81	37, 29, 44, 38	
66	25, 27, 39, 43	
75	11, 26, 49, 58	

9 뺄셈을 해 보세요.

(1)

(2)

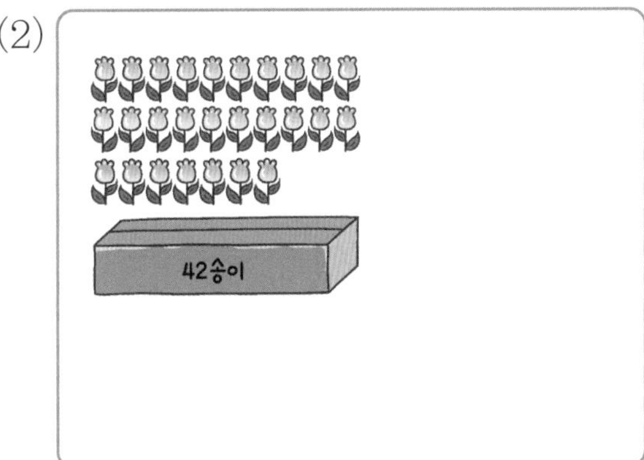

(3)

$$\begin{array}{r} 7\ 2 \\ -\ 1\ 8 \\ \hline \end{array}$$

(4) 81−65

10 차가 ● 안의 수가 되는 두 수를 찾아 뺄셈식을 써 보세요.

46	19, 23, 69, 83	
27	18, 45, 57, 62	
36	35, 49, 76, 85	

1 □ 안에 들어갈 수 있는 수를 모두 찾아 ○표 해 보세요.

(1) 34+□<62

25 26 27 28 29 30

(2) 72−□>43

27 28 29 30 31 32

2 수 카드를 2장씩 골라 덧셈식이나 뺄셈식을 완성해 보세요.

(1)

16	24	32	47	55	62

□+□=71 □+□=71

(2)

12	23	37	42	73	54

□−□=19 □−□=19

3 □ 안에 알맞은 수를 써넣으세요.

(1)

$$\begin{array}{r} 5\,\square \\ +\ \square\,7 \\ \hline 1\,3\,6 \end{array}$$

(2)

$$\begin{array}{r} \square\,3 \\ -\ 2\,\square \\ \hline 4\,8 \end{array}$$

4 봄이는 금색 색종이 35장, 은색 색종이 28장을 가지고 있었습니다. 미술 시간에 색종이 47장을 사용했으면 봄이는 색종이를 모두 몇 장 가지고 있을까요?

(　　　　　　　　)

5 가을이의 한 걸음은 46 cm입니다. 가을이가 세 걸음을 걸으면, 모두 몇 cm를 걷는 것인가요?

(　　　　　　　　)

6 운동회를 두 학년씩 묶어서 하려고 합니다. 두 학년의 학생 수를 가능한 적게 하려면 어느 학년끼리 묶어야 할까요?

학년별 학생 수

1학년	2학년	3학년	4학년	5학년	6학년
47명	53명	63명	72명	69명	81명

같이 운동회를 하는 학년

☐, ☐학년	☐, ☐학년	☐, ☐학년

4 교실의 길이는 몇 걸음쯤 되나요?

길이 재기

- 작은 물건이나 내 몸을 이용해서 길이를 잴 수 있어요.
- 자에 나와 있는 cm를 이용해서 길이를 잴 수 있어요.

Check

스스로 다짐하기

- □ 말한 것, 생각한 것을 글로 꼭 써 보세요.
- □ 정답만 쓰지 말고 이유도 써 보세요.
- □ 익숙하게 빨리 하는 것도 필요해요.
- □ 빨리 하는 것도 중요하지만, 자세하고 정확하게 하는 것이 더 중요해요.

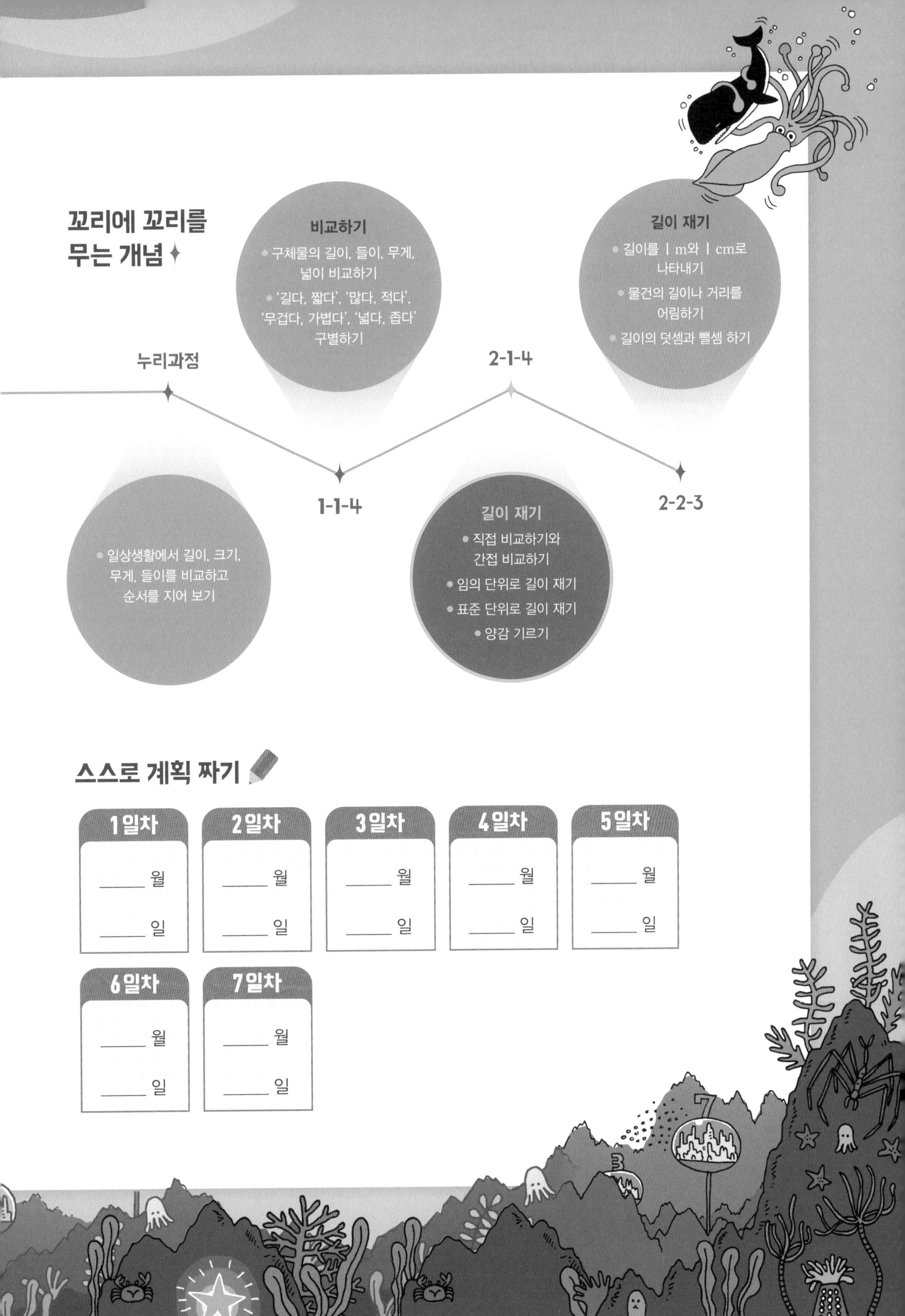

꼬리에 꼬리를 무는 개념

누리과정
- 일상생활에서 길이, 크기, 무게, 들이를 비교하고 순서를 지어 보기

비교하기
- 구체물의 길이, 들이, 무게, 넓이 비교하기
- '길다, 짧다', '많다, 적다', '무겁다, 가볍다', '넓다, 좁다' 구별하기

1-1-4

2-1-4

길이 재기
- 직접 비교하기와 간접 비교하기
- 임의 단위로 길이 재기
- 표준 단위로 길이 재기
- 양감 기르기

2-2-3

길이 재기
- 길이를 1 m와 1 cm로 나타내기
- 물건의 길이나 거리를 어림하기
- 길이의 덧셈과 뺄셈 하기

스스로 계획 짜기

1일차	2일차	3일차	4일차	5일차
____ 월	____ 월	____ 월	____ 월	____ 월
____ 일	____ 일	____ 일	____ 일	____ 일

6일차	7일차
____ 월	____ 월
____ 일	____ 일

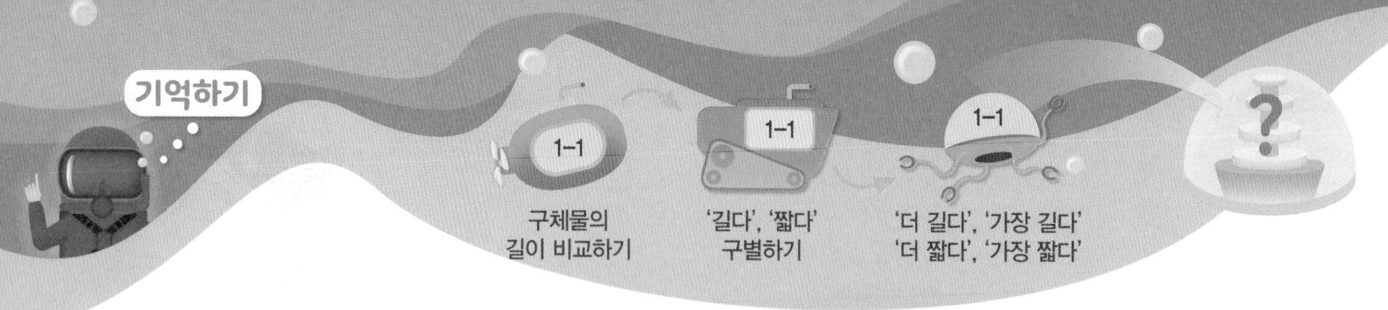

기억 1 구체물의 길이 비교하기

더 긴 것에 ○표 해 보세요.

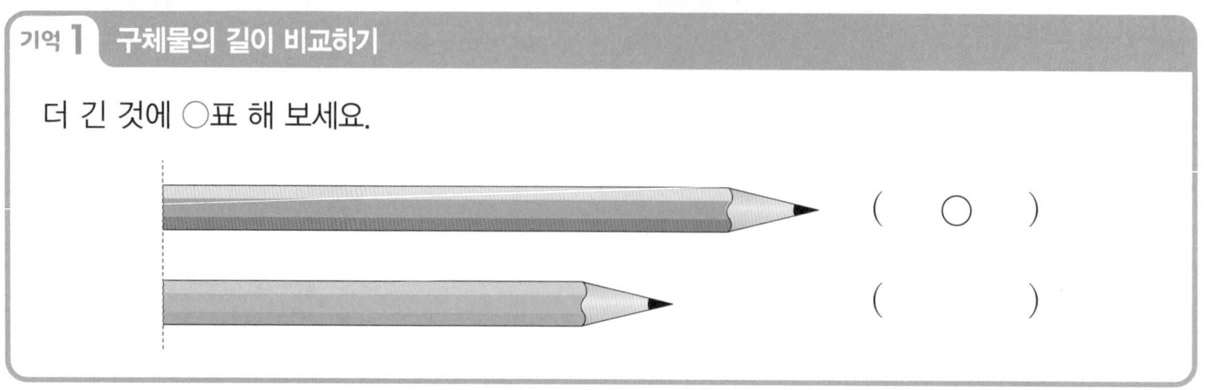

1 길이를 비교해 보세요.

(1) 더 긴 것에 ○표 해 보세요.

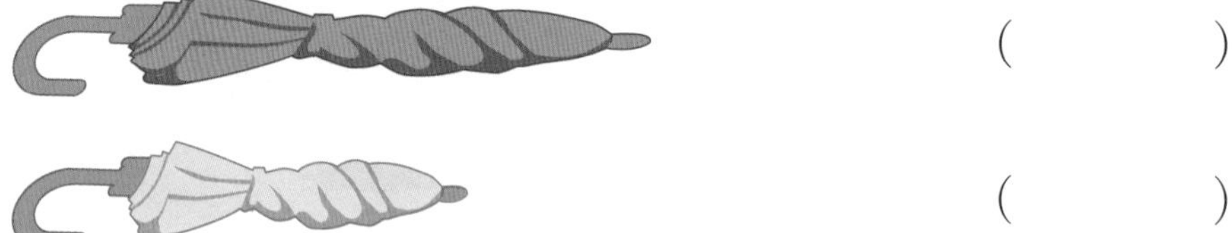

( )

( )

(2) 더 짧은 것에 △표 해 보세요.

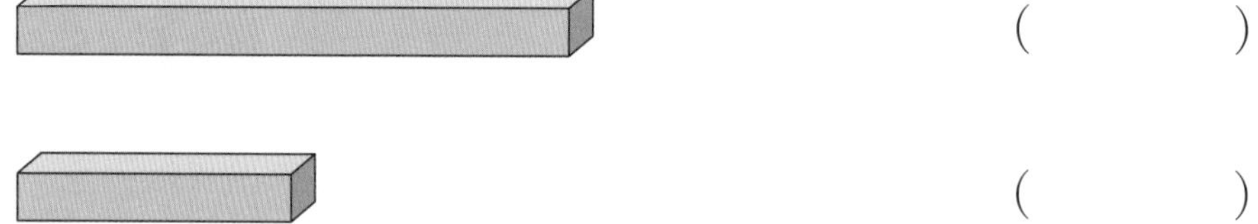

( )

( )

(3) 가장 긴 것에 ○표, 가장 짧은 것에 △표 해 보세요.

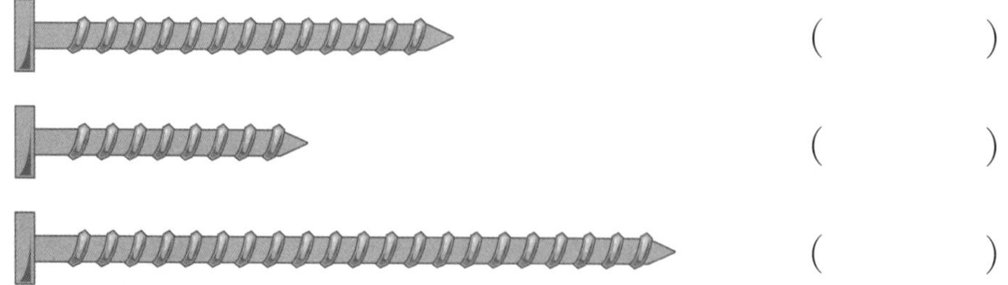

( )

( )

( )

2 빈칸에 알맞은 말을 써넣으세요.

(1)

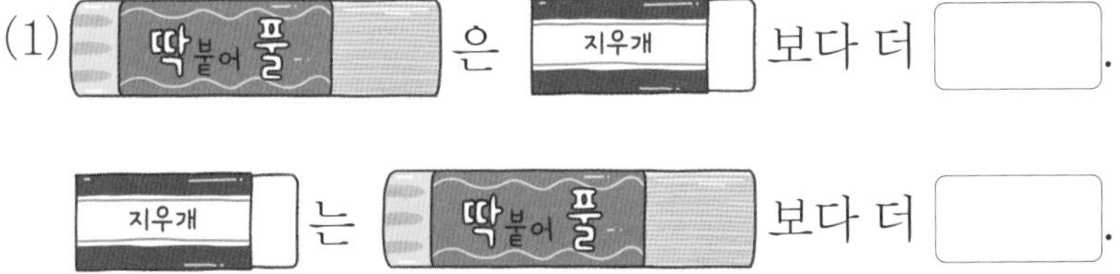

은 보다 더 ☐.

는 보다 더 ☐.

(2)

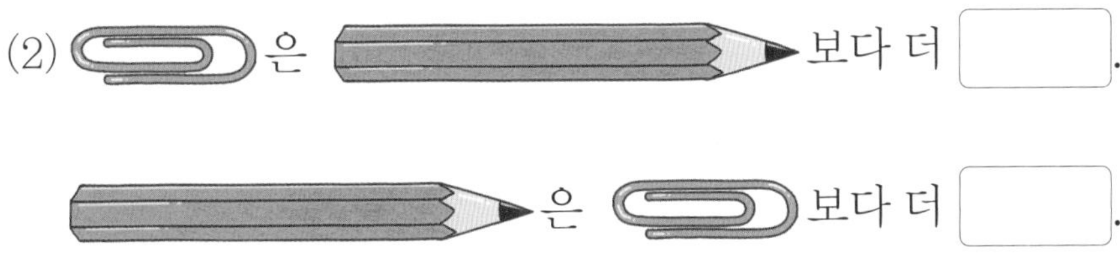

은 보다 더 ☐.

은 보다 더 ☐.

(3)

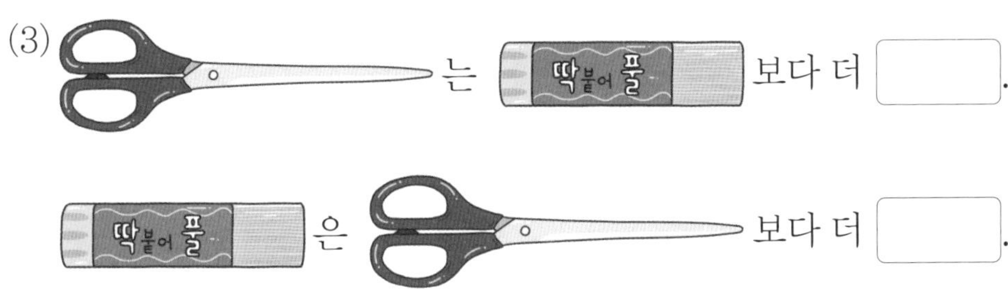

는 보다 더 ☐.

은 보다 더 ☐.

생각열기 ①

교실의 길이는 몇 걸음쯤 될까요?

1 봄이는 교실의 길이를 재려고 해요.

(1) 그림을 보고 어떤 질문을 만들 수 있을까요?

(2) 봄이는 무엇을 하고 있나요?

(3) 봄이는 무엇으로 교실의 길이를 재고 있나요?

(4) 봄이의 걸음으로 교실의 길이는 몇 걸음이 될지 예상해 보세요.

2 이사한 집에 식탁을 두려고 합니다. 어디에 두면 좋을지 정하기 위해 겨울이와 아버지가 식탁의 길이를 재고 있어요.

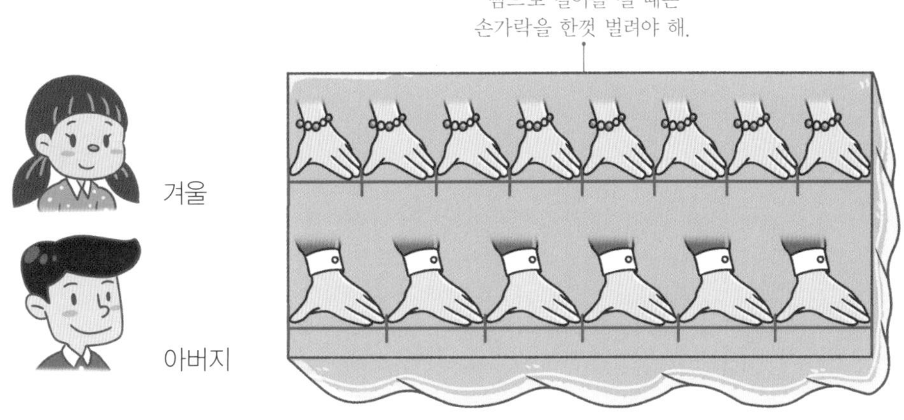

(1) 그림을 보고 어떤 질문을 만들 수 있을까요?

(2) 식탁의 길이는 몇 뼘 정도 되나요?

(3) 왜 같은 물건인데 재는 사람에 따라 길이가 다를까요?

(4) 길이를 재는 단위의 크기가 다르면 어떤 점이 불편할까요?

개념활용 ①-1

여러 가지 단위로 길이 재기

1 가을이가 무엇을 하고 있는지 생각해 보세요.

(1) 가을이는 무엇을 하고 있나요?

(2) 가을이는 무엇으로 문제집의 길이를 재고 있나요?

(   )

(3) 문제집의 긴 쪽의 길이는 몇 뼘 정도 되나요?

(   )

(4) 그림처럼 뼘에는 여러 가지가 있습니다. 뼘을 잴 때 어떤 점을 조심해야 할까요?

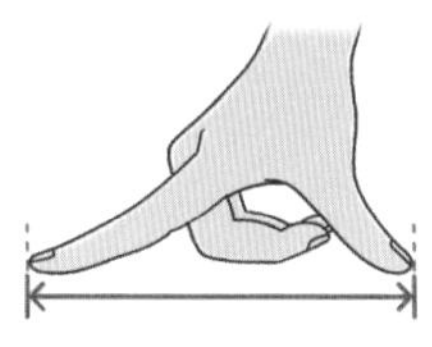
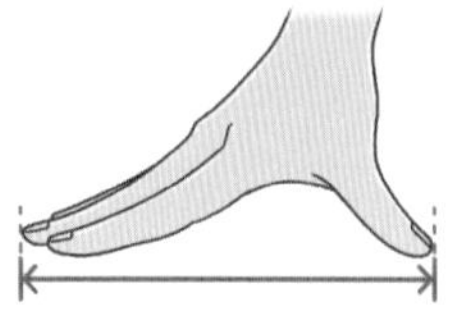
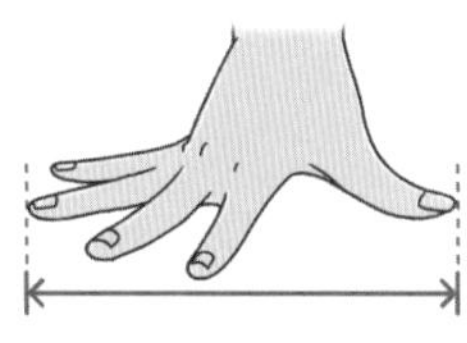
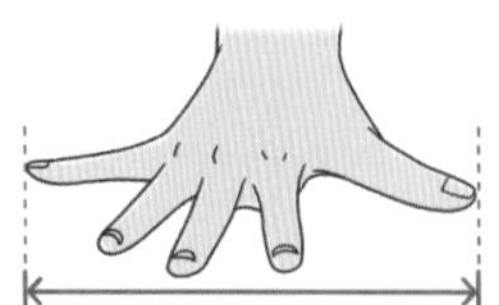

2 여러 가지 물건으로 문제집의 긴 쪽의 길이를 직접 재어 보세요.

지금 풀고 있는 문제집의
길이를 재어 보세요.

(1) 뼘, 풀, 연필로 문제집의 긴 쪽의 길이를 직접 재어 보세요. 얼마인가요?

뼘 (　　　　　　　　)

풀 (　　　　　　　　)

연필 (　　　　　　　　)

(2) 여러 가지 물건으로 길이를 재면 어떤 점이 불편한가요?

개념 정리 길이를 잴 때 사용할 수 있는 여러 가지 단위

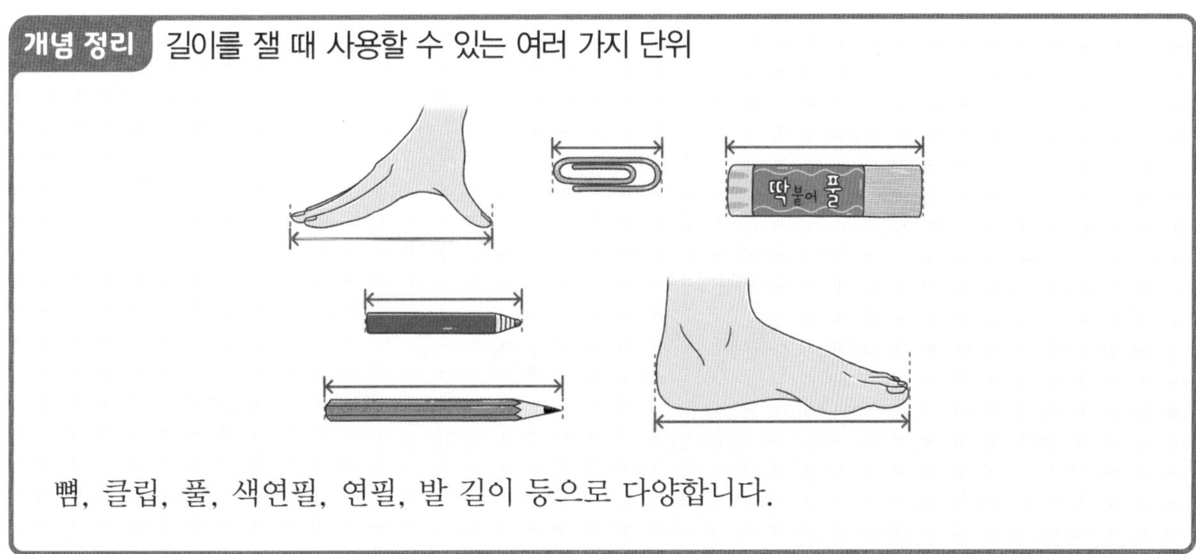

뼘, 클립, 풀, 색연필, 연필, 발 길이 등으로 다양합니다.

개념활용 ❶-2

1 cm 약속하기

1 옛날에는 길이를 재기 위해 몸의 일부를 사용했습니다. 예를 들어 로열큐빗은 팔꿈치에서 손가락 끝까지의 거리와 손바닥 폭의 길이를 합한 길이입니다. 그런데 사람마다 몸의 길이가 달라서 몸을 단위로 사용하면 불편한 점이 있었습니다. 누가 재어도 길이가 같으려면 어떻게 해야 할까요?

2 몸의 일부를 사용하는 대신 '자'를 이용하면 길이를 정확하게 잴 수 있어요.

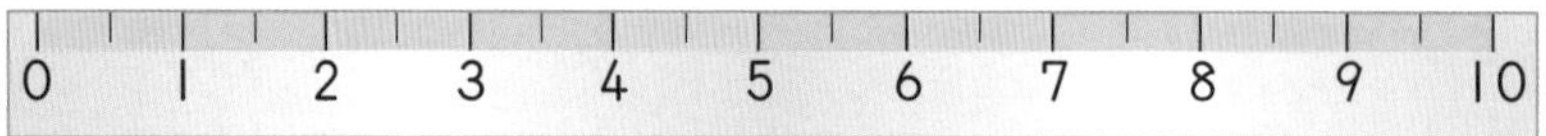

(1) 어떤 수가 보이나요?

(2) 어떤 길이를 단위로 약속해서 사용하면 좋을까요?

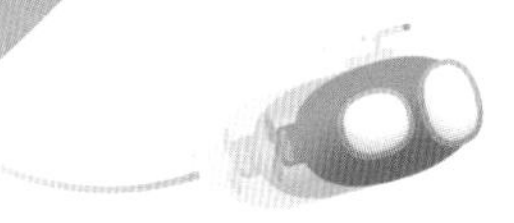

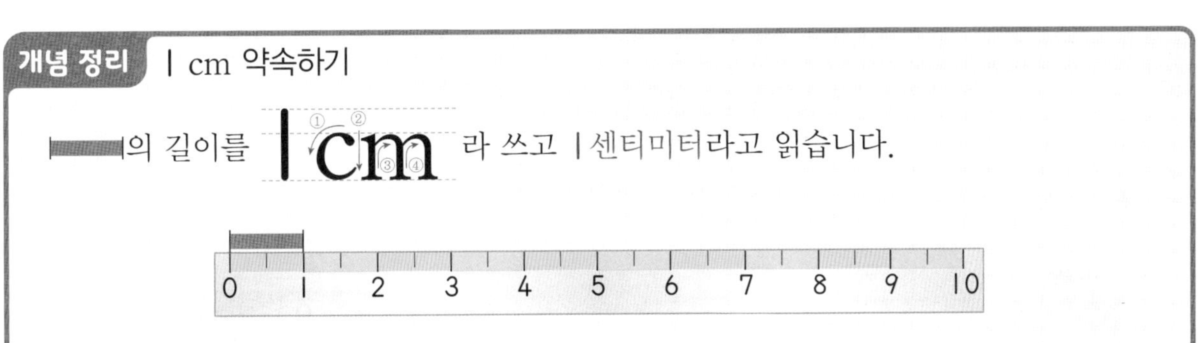

개념 정리 | cm 약속하기

의 길이를 | cm 라 쓰고 | 센티미터라고 읽습니다.

3 □ 안에 알맞은 수를 써넣고, 주어진 길이를 쓰고 읽어 보세요.

(1) 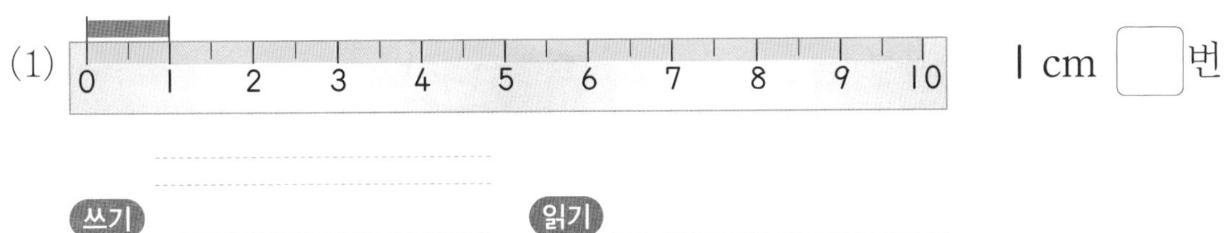

| cm □번

쓰기

읽기

(2) 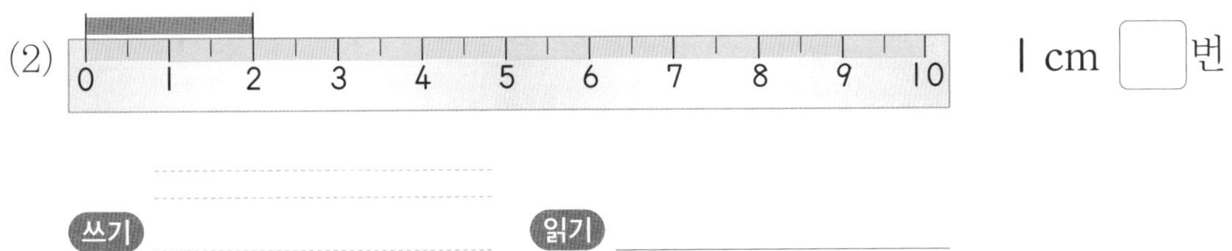

| cm □번

쓰기

읽기

(3) 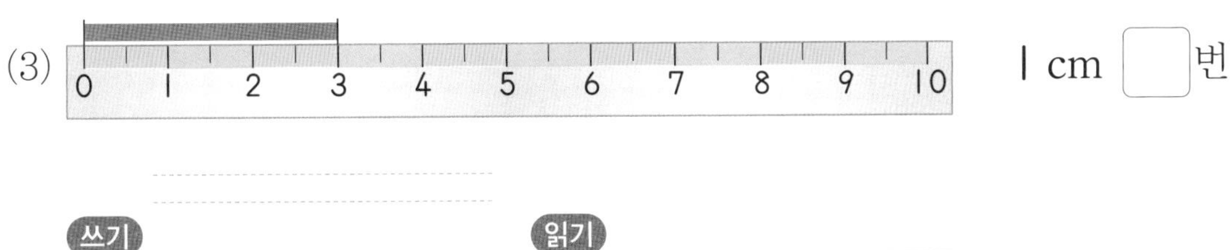

| cm □번

쓰기

읽기

(4) 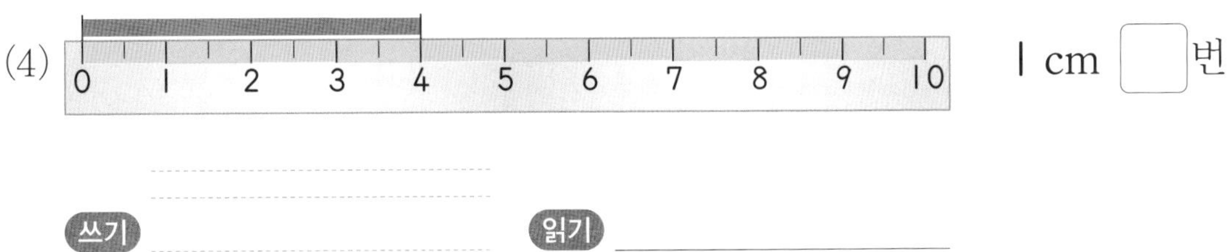

| cm □번

쓰기

읽기

생각열기 ②

자는 어떻게 사용해야 할까요?

1 봄, 가을, 여름이는 지우개의 길이를 재려고 해요.

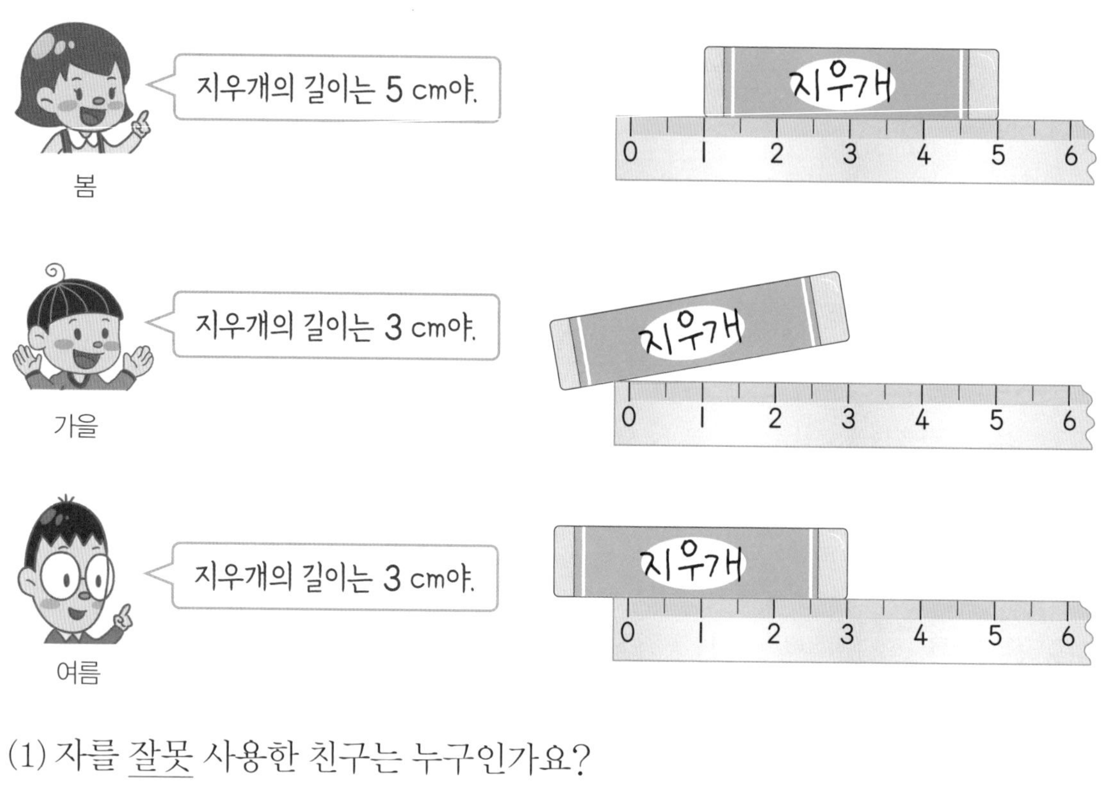

(1) 자를 잘못 사용한 친구는 누구인가요?

( )

(2) 왜 그렇게 생각하나요?

2 봄, 가을, 여름이는 학용품의 길이를 재었어요.

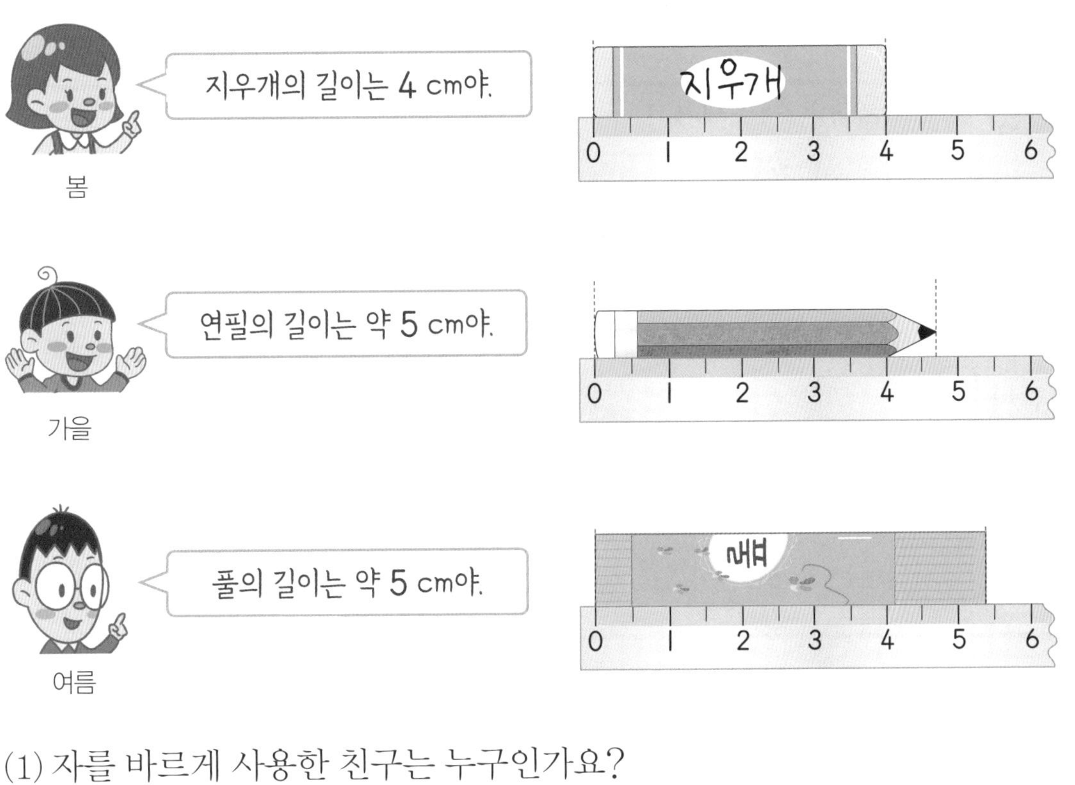

(1) 자를 바르게 사용한 친구는 누구인가요?

( )

(2) 왜 그렇게 생각하나요?

(3) 자를 바르게 사용하는 방법을 글로 설명해 보세요.

개념활용 ②-1

자를 이용하여 길이 재기

개념 정리 자를 이용하여 길이 재기 (1), (2)

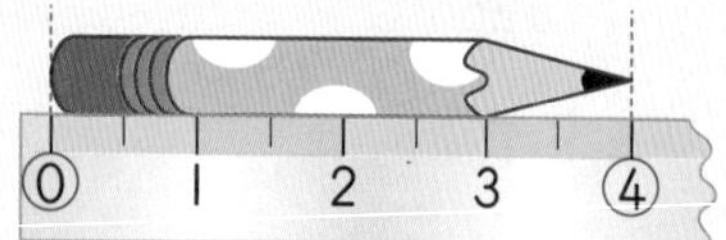

① 연필의 한쪽 끝을 자의 눈금 0에 맞춥니다.

② 연필의 다른 쪽 끝에 있는 자의 눈금을 읽습니다.

➡ 연필의 길이는 4 cm입니다.

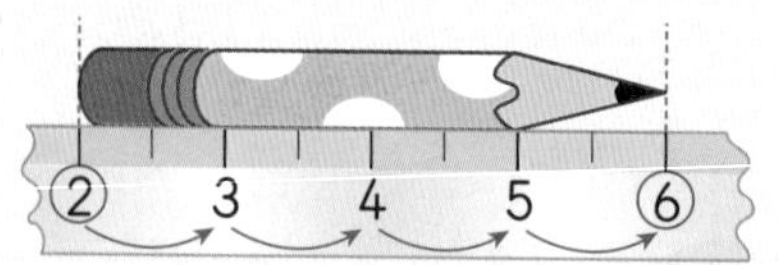

① 연필의 한쪽 끝을 자의 한 눈금에 맞춥니다.

② 그 눈금에서 다른 쪽 끝까지 1 cm가 몇 번 들어가는지 셉니다.

➡ 연필의 길이는 4 cm입니다.

1 학용품의 길이를 재어 보세요.

(1)

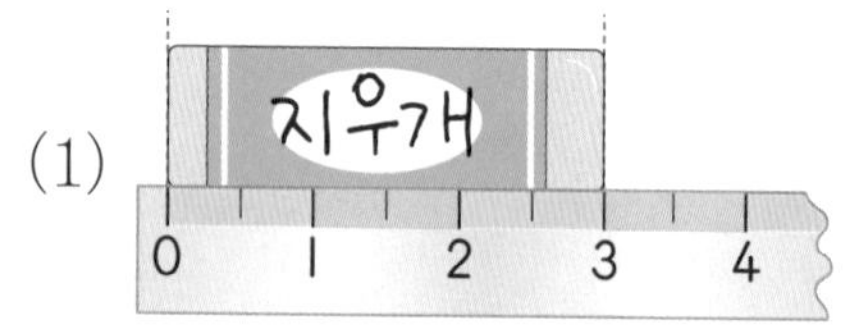

지우개의 길이는 ☐ cm입니다.

(2)

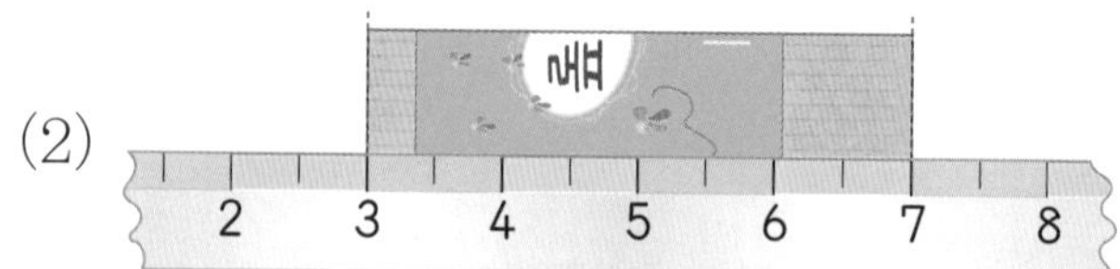

풀의 길이는 ☐ cm입니다.

개념 정리 자를 이용하여 길이 재기 (3)

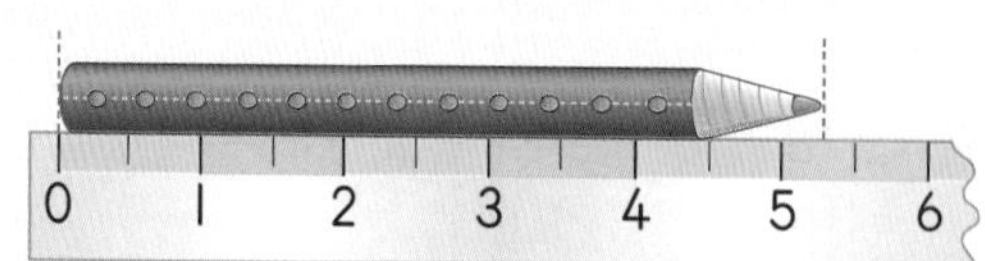

물건의 한쪽 끝이 자의 눈금 사이에 있을 때는 가까이 있는 쪽의 숫자를 읽으며, 숫자 앞에 약을 붙여 말합니다.

➡ 색연필의 길이는 약 5 cm입니다.

2 여름이와 봄이가 색연필의 길이를 재었습니다. □ 안에 알맞은 수를 써넣으세요.

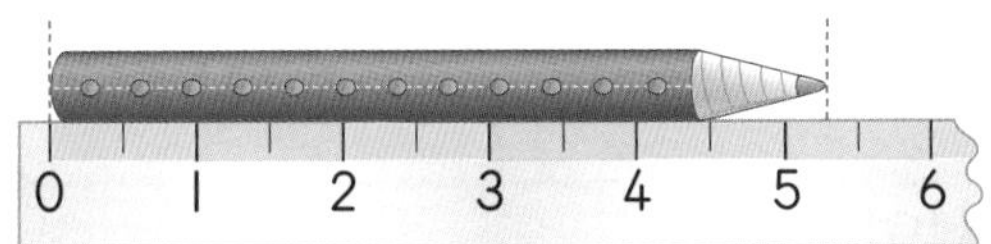

여름

색연필의 길이는
5 cm보다 길어.

길이가 자의 눈금 사이에
있을 때는 어떻게 읽을까?

색연필의 길이는
6 cm보다 짧아.

글쎄.
어떻게 읽어야 하지?

봄

길이가 자의 눈금 5와 6 사이에 있을 때는 가까이에 있는 쪽의 숫자를 읽으며, 숫자 앞에 약을 붙여 말합니다. 즉, 색연필의 길이는 약 □ cm입니다.

3 여러 가지 물건의 길이를 재어 보세요.

(1)

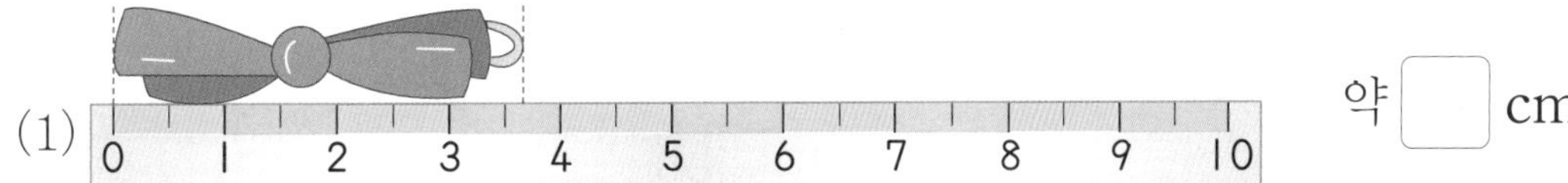

약 □ cm

(2)

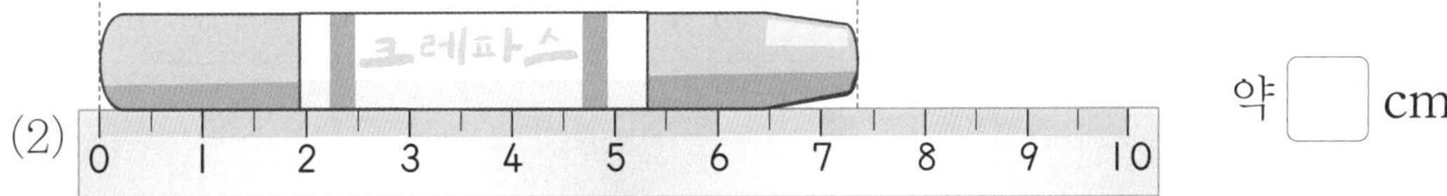

약 □ cm

(3)

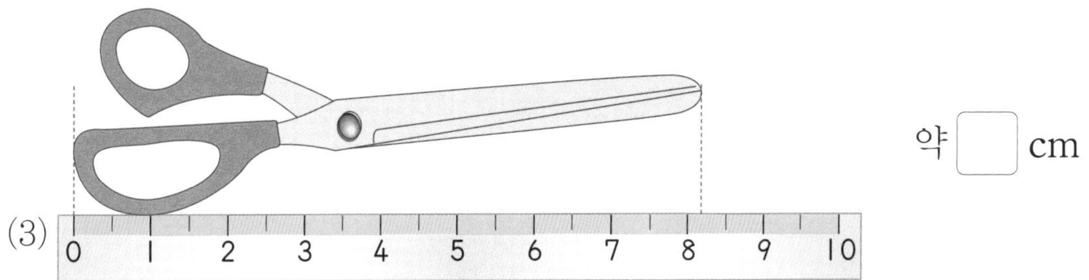

약 □ cm

표현하기

길이 재기

스스로 정리 길이를 재어 보세요.

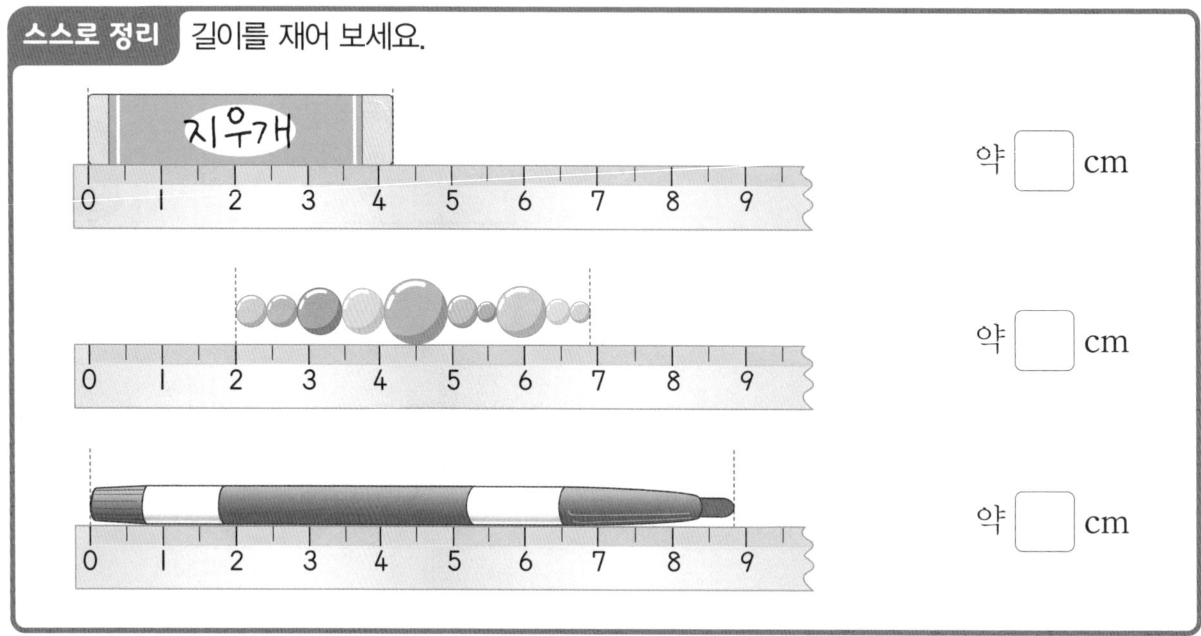

약 ☐ cm

약 ☐ cm

약 ☐ cm

개념 연결 알맞은 말에 ○표 하고, 빈칸에 알맞은 말을 써 보세요.

주제	알맞은 말 고르기, 빈칸 채우기
길이 비교	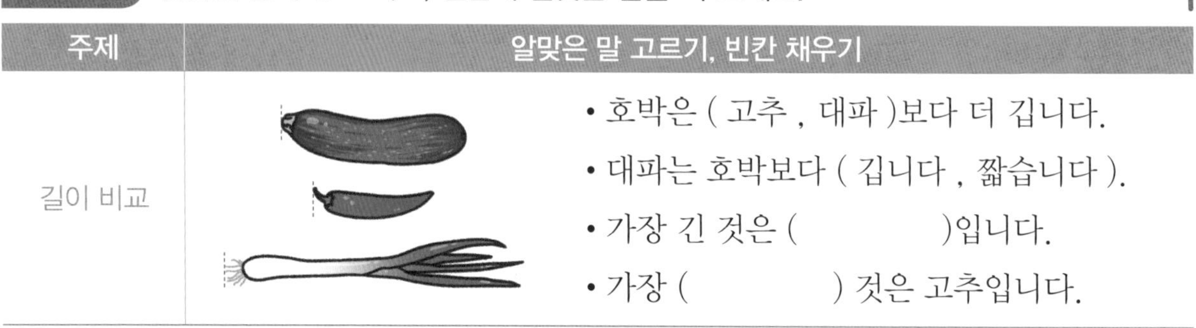 • 호박은 (고추 , 대파)보다 더 깁니다. • 대파는 호박보다 (깁니다 , 짧습니다). • 가장 긴 것은 (　　　　　)입니다. • 가장 (　　　　　) 것은 고추입니다.

1 위에서 잰 지우개, 팔찌, 색연필의 길이를 비교하고 예와 같은 방법으로 친구에게 편지로 설명해 보세요.

예 팔찌는 약 5 cm이므로 약 4 cm인 지우개보다 더 길어.

선생님 놀이

1 선의 길이가 가장 짧은 것부터 차례대로 기호를 쓰고, 설명해 보세요.

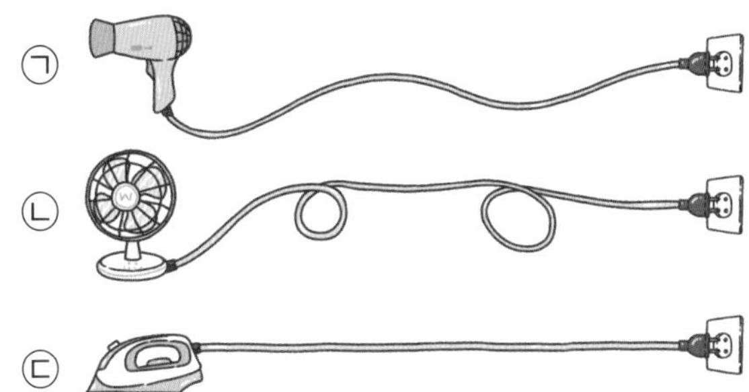

2 길이를 잘못 잰 것을 찾아 기호를 쓰고, 설명해 보세요.

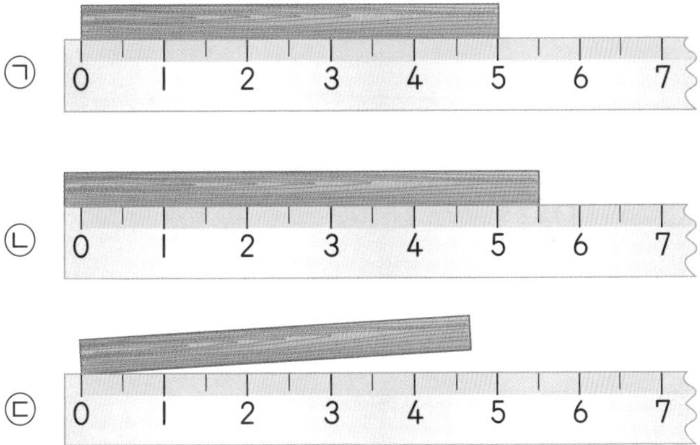

길이 재기는 이렇게 연결돼요.

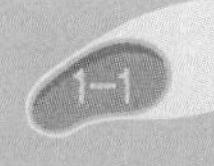

구체물의 길이 비교하기

1 cm를 알고 길이 재기

1 m를 알고 길이 재기

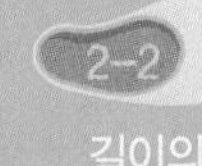

길이의 합과 차

1 색연필의 길이를 클립으로 재어 보세요.

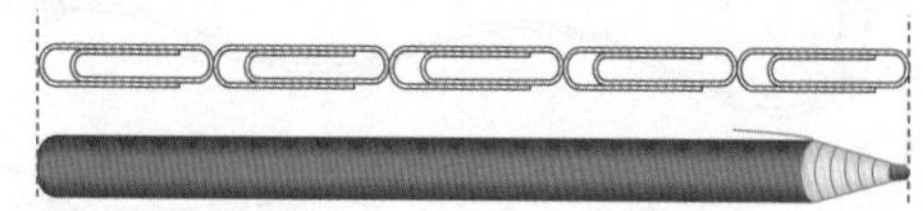

색연필의 길이는 클립으로 □번입니다.

2 봄이는 뼘을 이용하여 각 리본의 길이를 재었습니다. 길이가 가장 긴 리본은 어느 것인가요?

리본	가	나	다
뼘	2	7	4

( )

3 ▬의 길이는 몇 cm인가요?

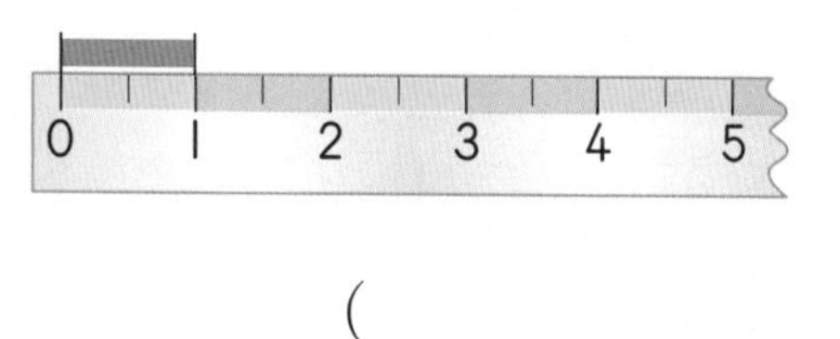

( )

4 관계있는 것끼리 선으로 이어 보세요.

1 cm ·		· 7 센티미터
3 cm ·		· 3 센티미터
7 cm ·		· 1 센티미터

5 길이를 재어 보세요.

(1) □ 안에 알맞은 수를 써넣고, 주어진 길이를 쓰고 읽어 보세요.

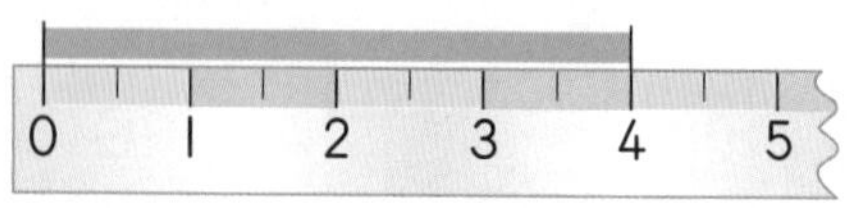

1 cm □번

쓰기 ______

읽기 ______

(2) 연필의 길이를 재어 보세요.

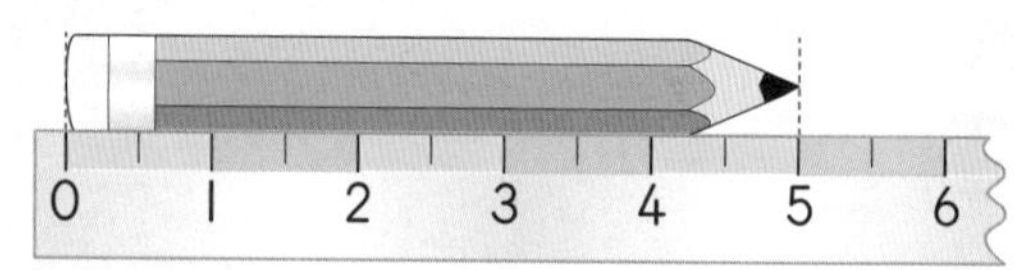

연필의 길이는 □ cm입니다.

6 ㉠의 길이가 2 cm일 때, ㉡의 길이는 몇 cm일까요?

㉠ ├───┤

㉡ ├───┼───┼───┤

( )

7 물건의 길이는 약 몇 cm인가요?

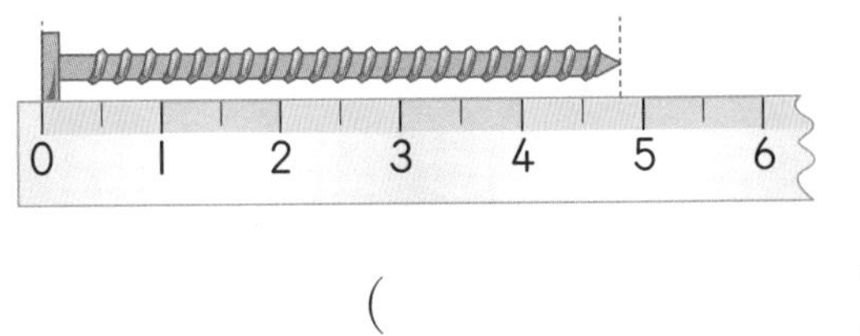

( )

8 길이를 어림하고, 자로 재어 보세요.

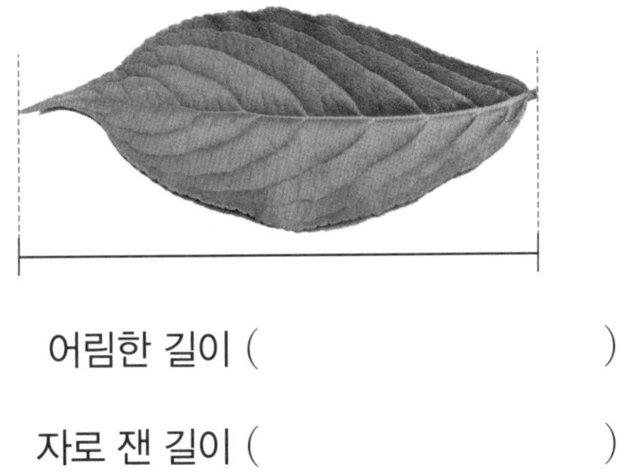

어림한 길이 ( )

자로 잰 길이 ( )

9 그림을 보고 물음에 답하세요.

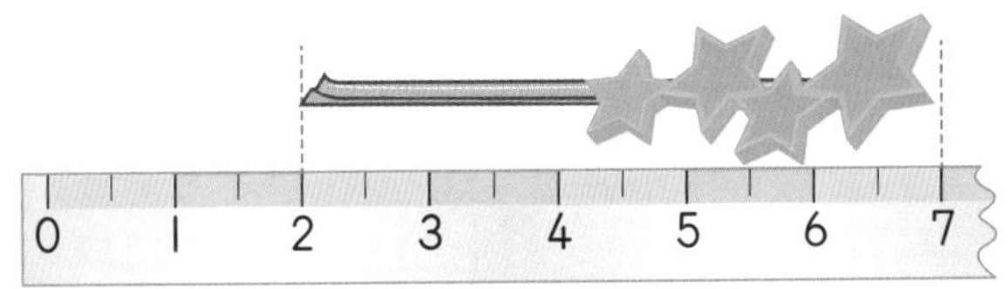

(1) 머리핀의 길이는 1 cm로 몇 번일까요?

( )

(2) 머리핀의 길이는 몇 cm인가요?

( )

10 칠판의 긴 쪽의 길이를 재는 데 적당한 것에 ○표 해 보세요.

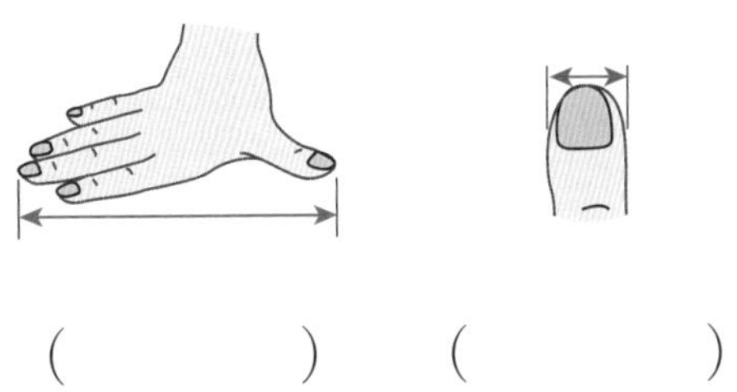

( ) ( )

11 겨울이는 색 테이프의 길이를 4 cm로 재었습니다. 겨울이가 색 테이프의 길이를 바르게 재었는지 쓰고, 그렇게 생각한 이유를 써 보세요.

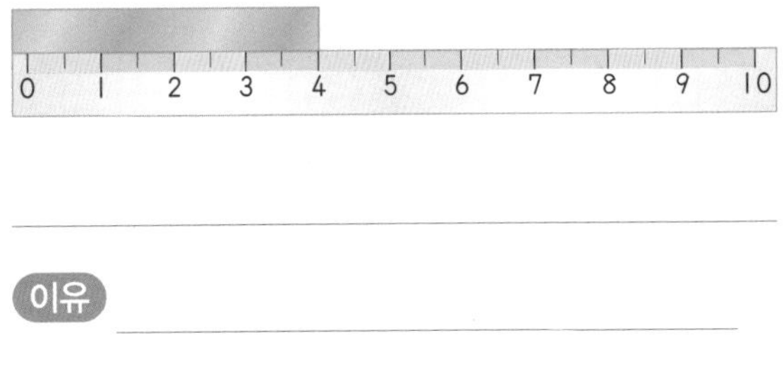

이유

12 실제 길이가 13 cm인 볼펜이 있습니다. 볼펜의 길이를 봄이는 약 15 cm로 어림했고, 여름이는 10 cm 로 어림했습니다. 누가 실제 길이에 더 가깝게 어림했는지 풀이 과정을 쓰고 답을 구해 보세요.

풀이

답

단원평가 심화

1 보기 에서 알맞은 길이를 골라 문장을 완성해 보세요.

보기

1 cm　　10 cm　　28 cm　　63 cm　　104 cm

문제집의 긴 쪽의 길이는 [　　] 입니다.

2 책상의 긴 쪽의 길이는 봄이의 뼘으로 8뼘이고, 여름이의 뼘으로 9뼘입니다. 봄이와 여름이 중 누구의 뼘이 더 긴가요?

(　　　　　　)

3 못의 길이는 몇 cm인가요?

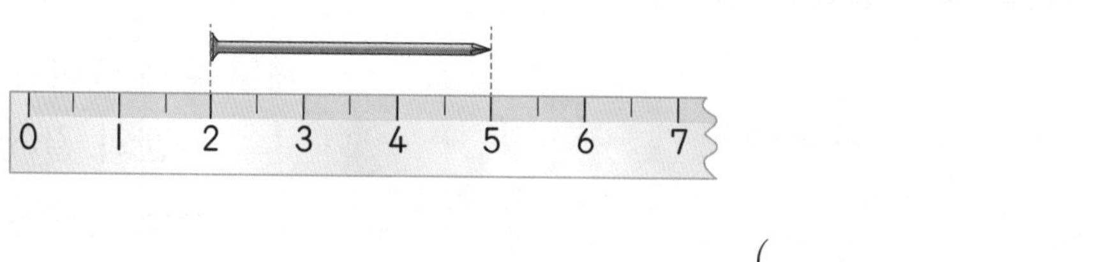

(　　　　　　)

4 그림책의 긴 쪽의 길이는 길이가 3 cm인 클립으로 6번입니다. 그림책의 긴 쪽의 길이는 몇 cm인가요?

(　　　　　　)

5 주어진 길이만큼 점선을 따라 선을 그어 보세요.

5 cm

6 물건의 길이를 바르게 잰 것을 찾아보세요. (　　　　　)

① 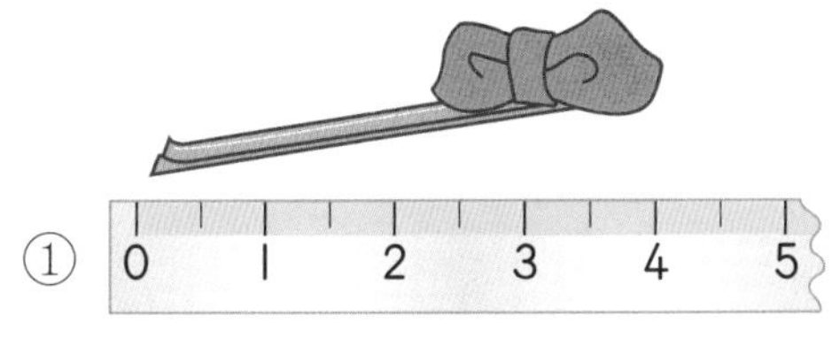

② 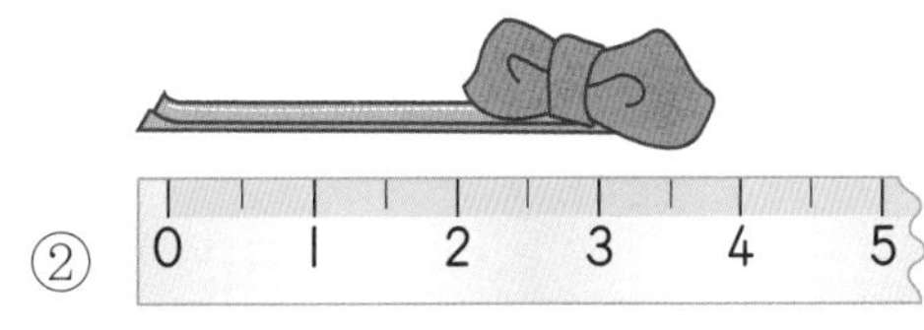

③ 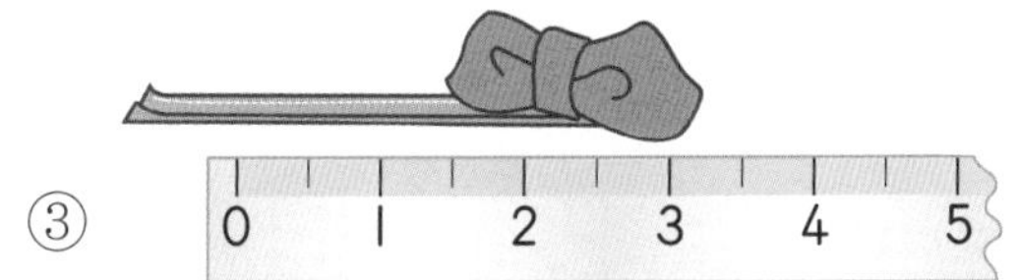

④ 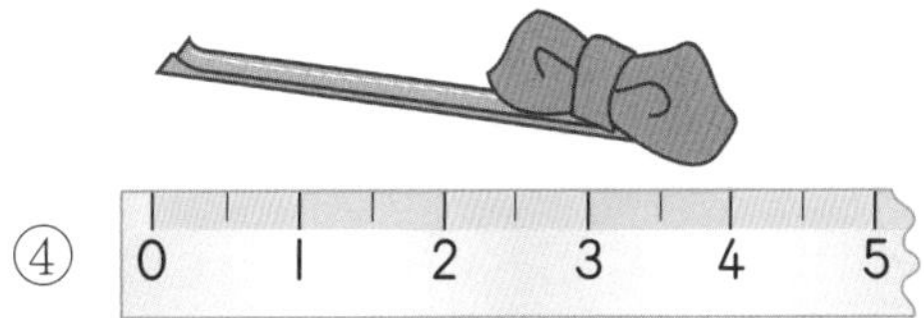

⑤ 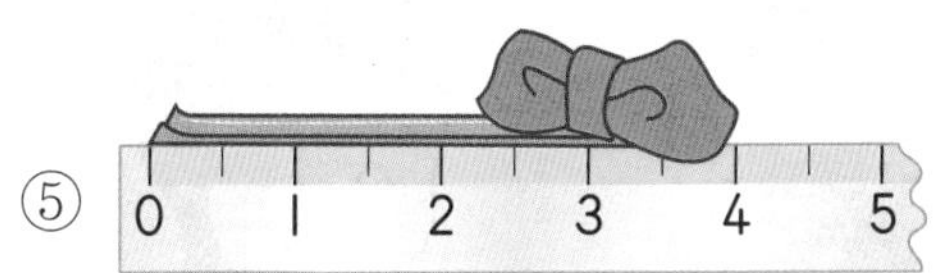

7 길이가 50 cm인 창문을 여름이는 49 cm, 겨울이는 53 cm, 봄이는 52 cm로 어림했습니다. 실제 길이에 가장 가깝게 어림한 사람은 누구인가요?

(　　　　　　　　　)

8 가을이의 한 뼘의 길이는 13 cm입니다. 소파의 짧은 쪽의 길이를 가을이의 뼘으로 재었더니 5번이었습니다. 소파의 짧은 쪽의 길이는 몇 cm일까요?

(　　　　　　　　　)

5 책상 위의 책을 어떻게 정리할까요?

분류하기

★ 비슷한 것끼리 모아 분류를 하고 분류한 것의 수를 셀 수 있어요.

Check

스스로 다짐하기

- ☐ 말한 것, 생각한 것을 글로 꼭 써 보세요.
- ☐ 정답만 쓰지 말고 이유도 써 보세요.
- ☐ 익숙하게 빨리 하는 것도 필요해요.
- ☐ 빨리 하는 것도 중요하지만, 자세하고 정확하게 하는 것이 더 중요해요.

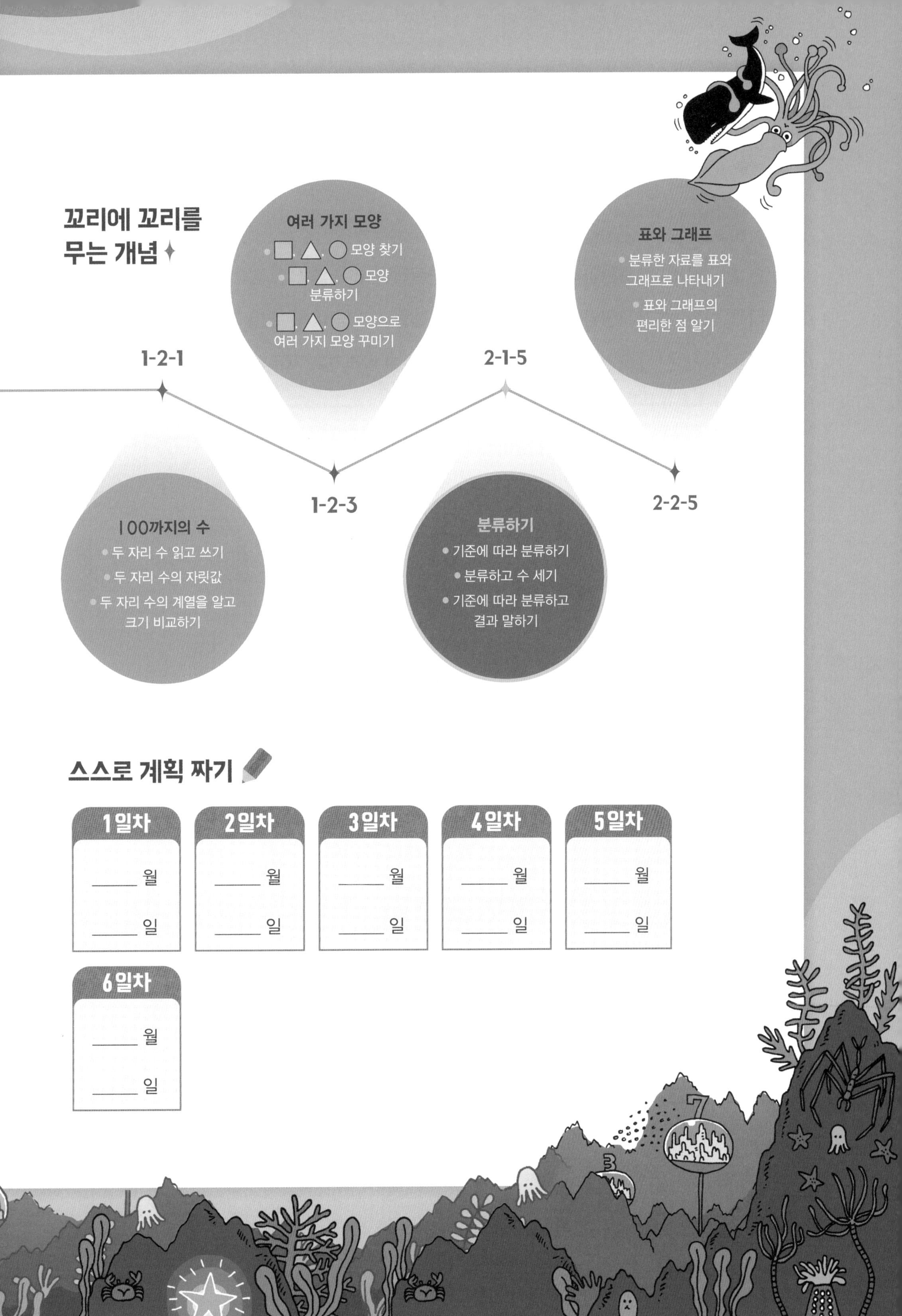

꼬리에 꼬리를 무는 개념

1-2-1

100까지의 수
- 두 자리 수 읽고 쓰기
- 두 자리 수의 자릿값
- 두 자리 수의 계열을 알고 크기 비교하기

1-2-3

여러 가지 모양
- □, △, ○ 모양 찾기
- □, △, ○ 모양 분류하기
- □, △, ○ 모양으로 여러 가지 모양 꾸미기

2-1-5

분류하기
- 기준에 따라 분류하기
- 분류하고 수 세기
- 기준에 따라 분류하고 결과 말하기

2-2-5

표와 그래프
- 분류한 자료를 표와 그래프로 나타내기
- 표와 그래프의 편리한 점 알기

스스로 계획 짜기

1일차	2일차	3일차	4일차	5일차
____ 월	____ 월	____ 월	____ 월	____ 월
____ 일	____ 일	____ 일	____ 일	____ 일

6일차
____ 월
____ 일

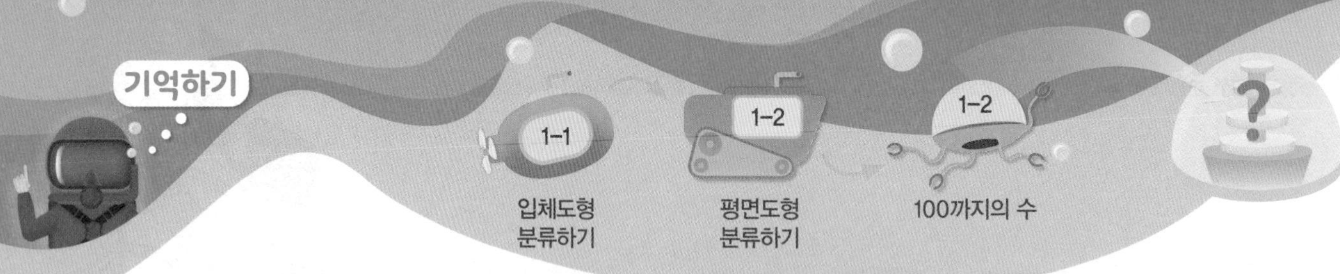

기억 1 입체도형 분류하기

구슬, 야구공은 ◯ 모양입니다. ◯ 모양은 잘 굴러갑니다. 쌓을 수 없습니다.

주사위, 상자는 ▢ 모양입니다. ▢ 모양은 잘 쌓을 수 있습니다. 잘 굴러가지 않습니다.

풀, 음료수 캔은 ▢ 모양입니다. ▢ 모양은 눕히면 잘 굴러가고, 세우면 잘 쌓을 수 있습니다.

1 모양이 같은 것끼리 이어 보세요.

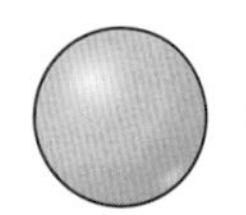 • • 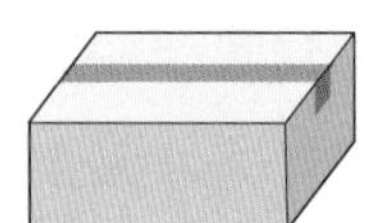

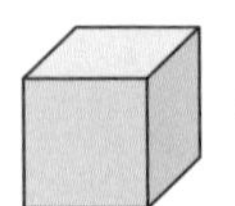 • • 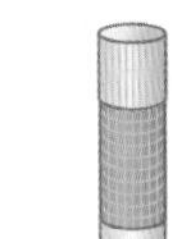

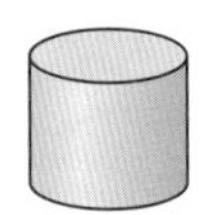 • • 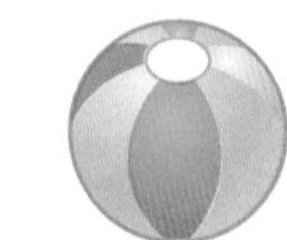

기억 2 평면도형 분류하기

■ 모양은 뾰족한 부분이 4군데입니다.

△ 모양은 곧은 선이 3개입니다.

● 모양은 뾰족한 부분이 없고 둥근 부분이 있습니다.

2 □, △, ○ 모양의 수를 세어 보세요.

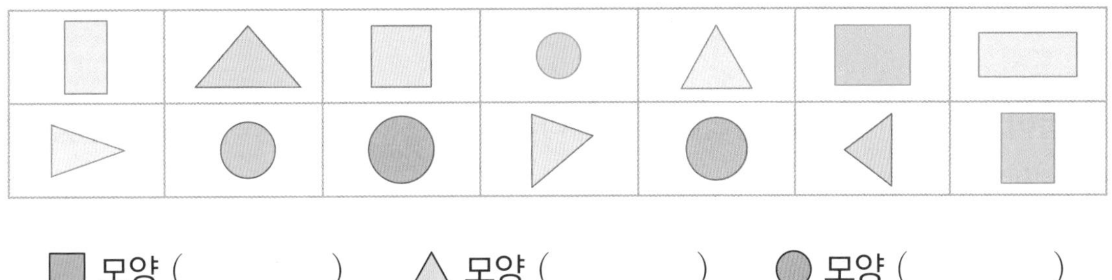

□ 모양 (   ) △ 모양 (   ) ○ 모양 (   )

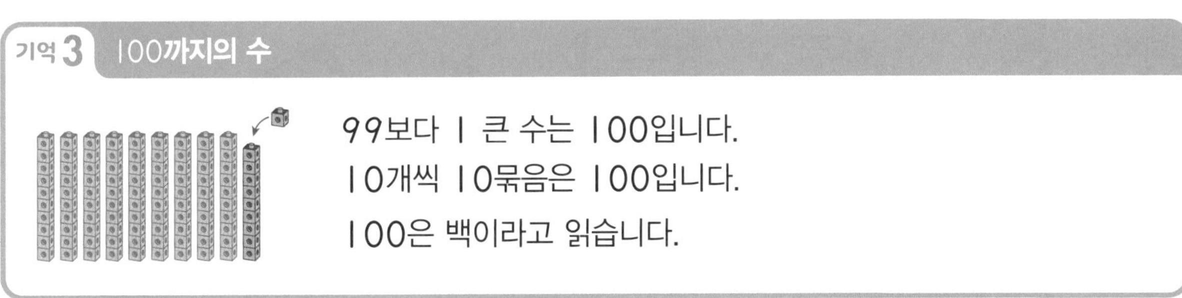

기억 3 100까지의 수

99보다 1 큰 수는 100입니다.
10개씩 10묶음은 100입니다.
100은 백이라고 읽습니다.

3 △ 모양의 수를 세어 보세요.

(   )

4 관계있는 것끼리 이어 보세요.

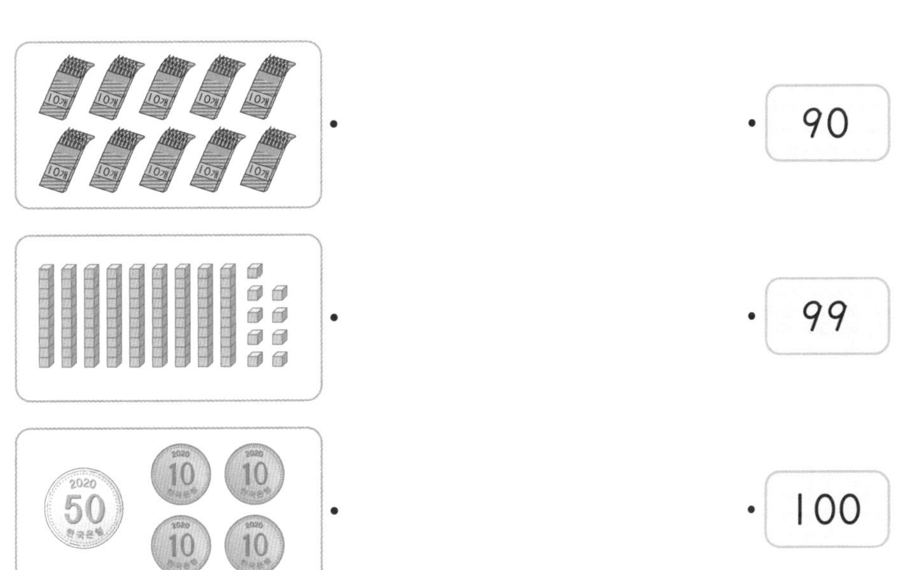

생각열기 1

책을 어떻게 정리할까요?

1 봄이와 겨울이는 책을 정리하려고 합니다. 어떤 기준으로 정리하는 것이 좋을지 알아보세요.

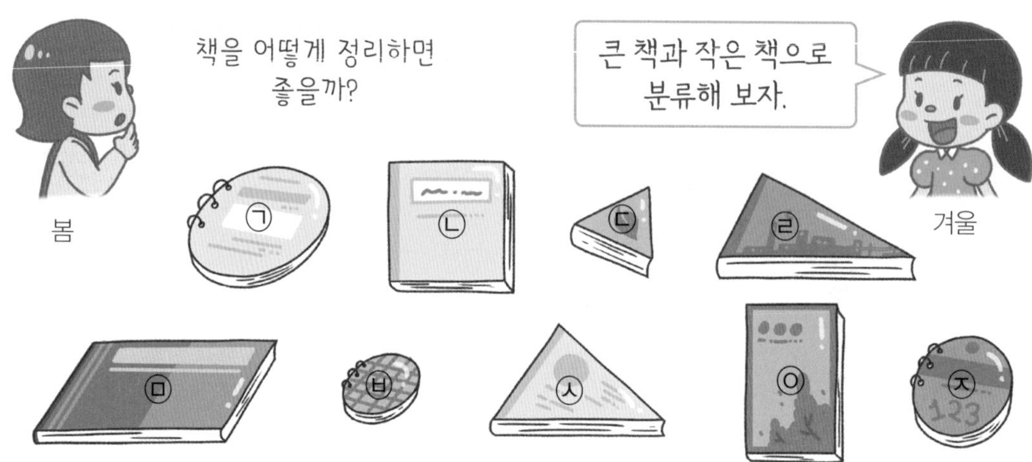

(1) 겨울이가 말한 기준으로 분류해 보세요.

큰 책	작은 책

(2) 겨울이가 말한 기준으로 분류하면서 어려운 점이 있었다면 무엇이었는지 써 보세요.

(3) 위에서 어려웠던 점을 해결하기 위한 방법으로 분류 기준을 정하고 그에 따라 분류해 보세요.

분류 기준:

2 가을이는 친구들과 소꿉놀이를 끝내고 접시를 정리하려고 합니다. 어떤 기준으로 정리하는 것이 좋을지 알아보세요.

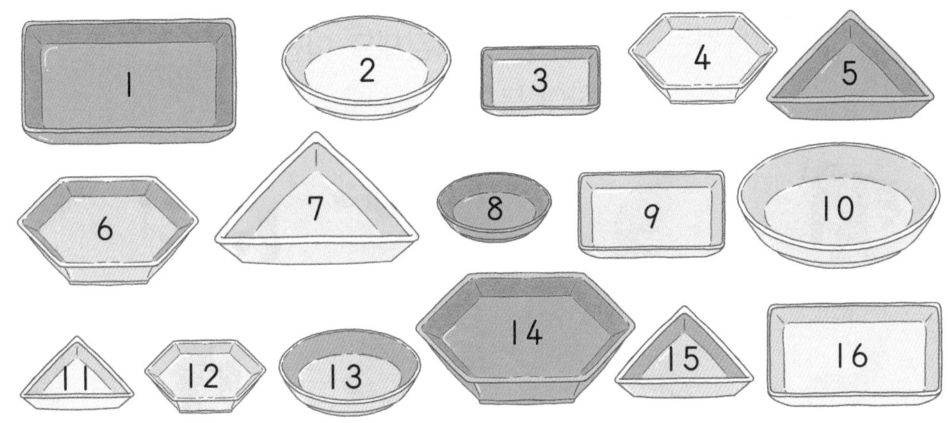

(1) 분류 기준을 정하고 분류해 보세요.

분류 기준:

분류 기준:

(2) 접시를 정리할 때 어떤 기준에 따라 분류하는 것이 좋을까요? 왜 그렇게 생각하는지 이유를 써 보세요.

개념활용 1-1

다양한 분류 기준을 정하기

1 동물은 저마다 활동하는 곳이 다르고, 생김새도 다릅니다. 동물의 특징을 생각해 보고, 여러 가지 분류 기준을 정하여 분류해 보세요.

(1) 활동하는 곳에 따라 분류해 보세요.

활동하는 곳	하늘	땅	물
동물			

(2) 분류 기준을 정하고 분류해 보세요.

분류 기준:

동물	

정한 기준에 맞추어 칸을 스스로 나눠 보세요.

(3) 동물을 어떤 기준에 따라 분류하는 것이 좋은지 써 보세요.

2 여러 가지 물건을 분류하려고 합니다. 어떻게 분류할 수 있는지 알아보세요.

(1) 어떤 기준으로 분류할 수 있는지 써 보세요.

(2) 분류 기준을 정하고 물건을 분류해 보세요.

분류 기준:

칸을 스스로 나눠 보세요.

(3) 기준에 따라 분류하면 어떤 점이 좋은지 써 보세요.

개념활용 ①-2

정해진 기준에 따라 분류하고 세어서 그 결과 해석하기

1 바구니에 4가지 색깔의 공이 들어 있습니다. 물음에 답하세요.

(1) 어떤 색깔의 공이 가장 많은지 알 수 있는 방법을 써 보세요.

(2) 기준을 정하여 분류하고 그 수를 세어 보세요.

분류 기준:

세면서 표시하기				
개수(개)				

(3) 어떤 색깔의 공이 가장 많은가요?

2 여름이네 반에서 친구와 함께 해 보고 싶은 운동을 조사했습니다. 학생들이 어떤 운동을 가장 하고 싶어 하는지 알아보세요.

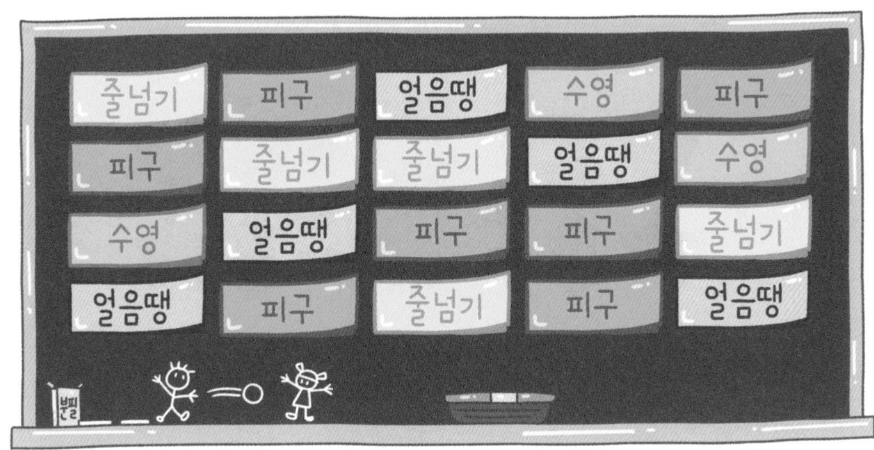

(1) 기준을 정하여 분류하고 그 수를 세어 보세요.

분류 기준:

세면서 표시하기				
학생 수(명)				

(2) 분류하여 세어 본 결과로 알 수 있는 것을 써 보세요.

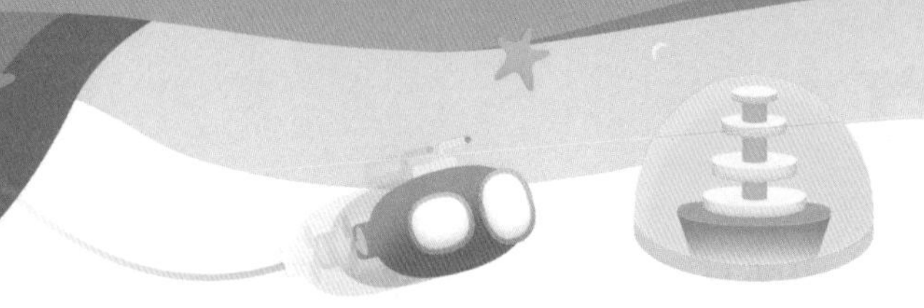

표현하기

분류하기

스스로 정리 정해진 기준에 따라 분류한 표에 개수를 써넣으세요.

색깔	황토색	갈색
개수(개)		

모양	하트	별	펭귄
개수(개)			

개념 연결 집이나 동네, 학교에서 다음 도형을 찾아 써 보세요.

주제	알맞은 물건 찾기
입체도형 분류하기	▢ 모양: ▢ 모양: ◯ 모양:
평면도형 분류하기	■ 모양: △ 모양: ● 모양:

1 단추를 2가지 기준으로 분류하고, 어떻게 분류했는지 친구에게 편지로 설명해 보세요.

개수(개)		

개수(개)		

1 여러 가지 탈것을 이용하는 장소에 따라 분류했습니다. 잘못 분류된 것을 찾고, 그 이유를 설명해 보세요.

2 2가지 기준을 정하여 동물을 분류하고 어떤 기준으로 분류했는지 설명해 보세요.

- 돌고래 • 기린 • 상어 • 잉어 • 호랑이 • 독수리 • 뱀 • 말
- 코끼리 • 까치 • 제비 • 메기 • 기러기 • 연어 • 돼지 • 닭

(1)

동물 이름	
수(마리)	

(2)

동물 이름	
수(마리)	

분류하기는 이렇게 연결돼요.

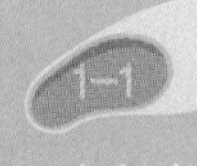

여러 가지 모양

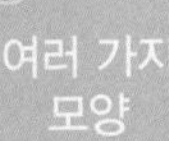

분류하기

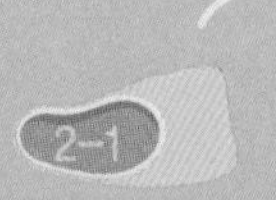

자료의 정리

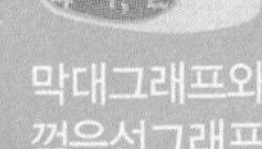

막대그래프와 꺾은선그래프

단원평가 기본

1 색종이를 다음과 같이 분류했습니다. 분류 기준을 써 보세요.

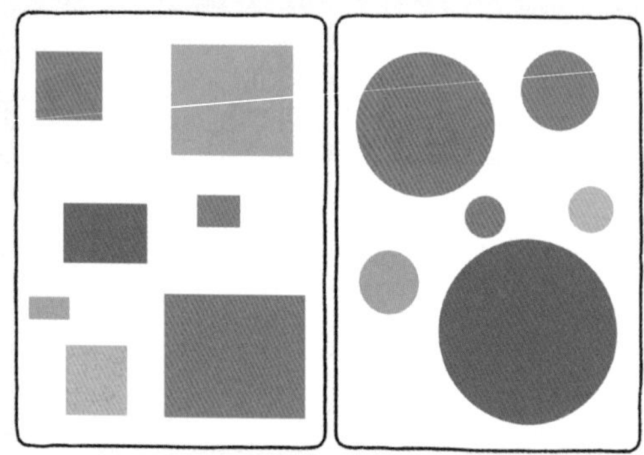

분류 기준 (   )

2 비슷한 색깔끼리 분류해 보세요.

색깔			
과일			

3 소리를 내는 방법에 따라 악기를 분류해 보세요.

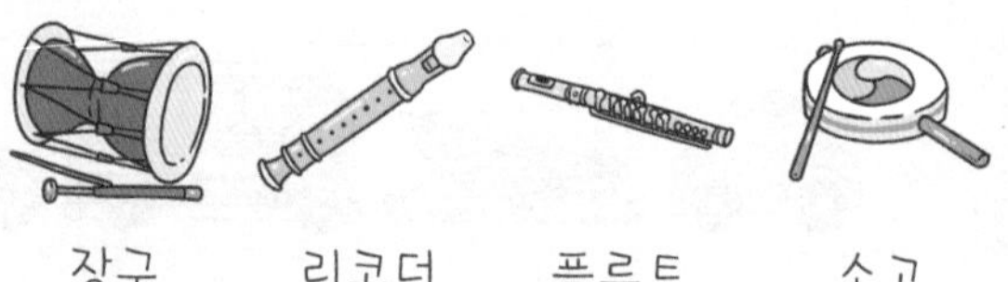

분류 기준: 소리를 내는 방법

두드리기	불기

4 이용하는 장소에 따라 탈것을 분류해 보세요.

분류 기준: 이용하는 장소

장소			
탈것			

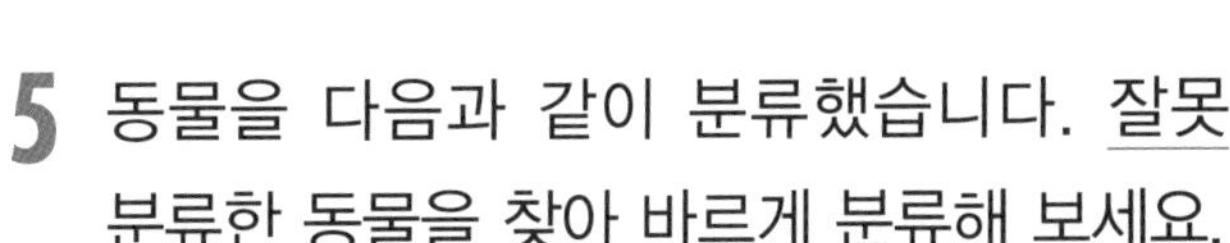

5 동물을 다음과 같이 분류했습니다. 잘못 분류한 동물을 찾아 바르게 분류해 보세요.

다리 수	0개	2개	4개
동물	금붕어 뱀 미꾸라지 연어	두더지 학 타조 참새	송아지 강아지 망아지 독수리

다리 수	0개	2개	4개
동물			

6 학교 화단에 있는 나무를 종류에 따라 분류하고 수를 세었습니다. 나무의 수를 알아보세요.

종류	주목	벚나무	느티나무	감나무
나무의 수 (그루)	22	30	15	13

(1) 수가 가장 많은 나무는 무엇인가요?

( )

(2) 느티나무가 가장 많으려면 몇 그루를 더 심어야 하나요?

( )

7 가을이네 반 학생들은 놀이공원으로 현장 학습을 다녀온 후 가장 재미있는 놀이 기구가 무엇이었는지를 조사했어요.

(1) 놀이 기구의 종류에 따라 분류하고 수를 세어 보세요.

종류				
세면서 표시 하기				
학생 수 (명)				

(2) 가장 많은 친구가 가장 재미있었다고 답한 놀이 기구는 무엇인가요?

( )

(3) 놀이 기구의 종류에 따라 분류하고 수를 세어 보면 무엇을 알 수 있나요?

단원평가 심화

1 여름이는 모양 펀치로 만든 모양을 분류하여 보관하려고 합니다. 어떻게 분류하면 좋을지 분류 기준을 쓰고, 그렇게 정한 이유를 써 보세요.

분류 기준 __________

이유 __________

2 봄이는 반 친구들이 좋아하는 동물을 조사했습니다. 여름이는 조사한 자료를 분류하고 수를 세어 표를 만들었어요.

(1) 빈칸에 알맞은 동물 이름이나 수를 써넣으세요.

코알라	토끼	원숭이	호랑이	호랑이
토끼		코알라	원숭이	코알라
호랑이	토끼		호랑이	토끼
원숭이	코알라	코알라		호랑이

동물	코알라	토끼	원숭이	호랑이
수(마리)	7		3	5

(2) 빈칸에 알맞은 동물 이름이나 수를 어떻게 알았는지 설명해 보세요.

____

3 6월 25일까지 붙인 날씨 붙임딱지를 보고 6월 한 달 동안의 날씨를 알아보세요.

6월						
일	월	화	수	목	금	토
	1	2	3	4	5	6
7	8	9	10	11	12	13
14	15	16	17	18	19	20
21	22	23	24	25	26	27
28	29	30				

(1) 날씨에 따라 날수를 세어 표를 완성해 보세요.

날씨	맑은 날	흐린 날	비 온 날
세면서 표시하기			
날수(일)			

(2) 6월 25일까지 어떤 날씨가 가장 많았나요?

( )

(3) 6월 30일까지 날씨를 표시했을 때 비 온 날이 가장 많았다면 비 온 날은 모두 며칠일까요? 왜 그렇게 생각하는지 설명해 보세요.

4 겨울이네 반에서 희망 직업을 조사했습니다. 가장 많은 학생이 희망하는 직업은 무엇인가요?

선생님	연예인	선생님	의사	연예인	연예인	선생님	정치인
의사	선생님	연예인	정치인	선생님	의사	연예인	선생님
연예인	의사	정치인	연예인	연예인	선생님	연예인	의사

( )

6 꽃이 많은데 어떻게 세면 좋을까요?

곱셈

* 물건을 셀 때 묶어 셀 수 있어요.
* 묶어 센 것을 몇씩 몇 묶음, 몇의 몇 배로 바꾸어 말할 수 있어요.
* 여러 번 더하는 것을 곱셈으로 나타낼 수 있어요.

Check 스스로 다짐하기

- ☐ 말한 것, 생각한 것을 글로 꼭 써 보세요.
- ☐ 정답만 쓰지 말고 이유도 꼭 써 보세요.
- ☐ 익숙하게 빨리 하는 것도 필요해요.
- ☐ 빨리 하는 것도 중요하지만, 자세하고 정확하게 하는 것이 더 중요해요.

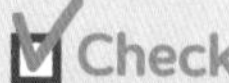

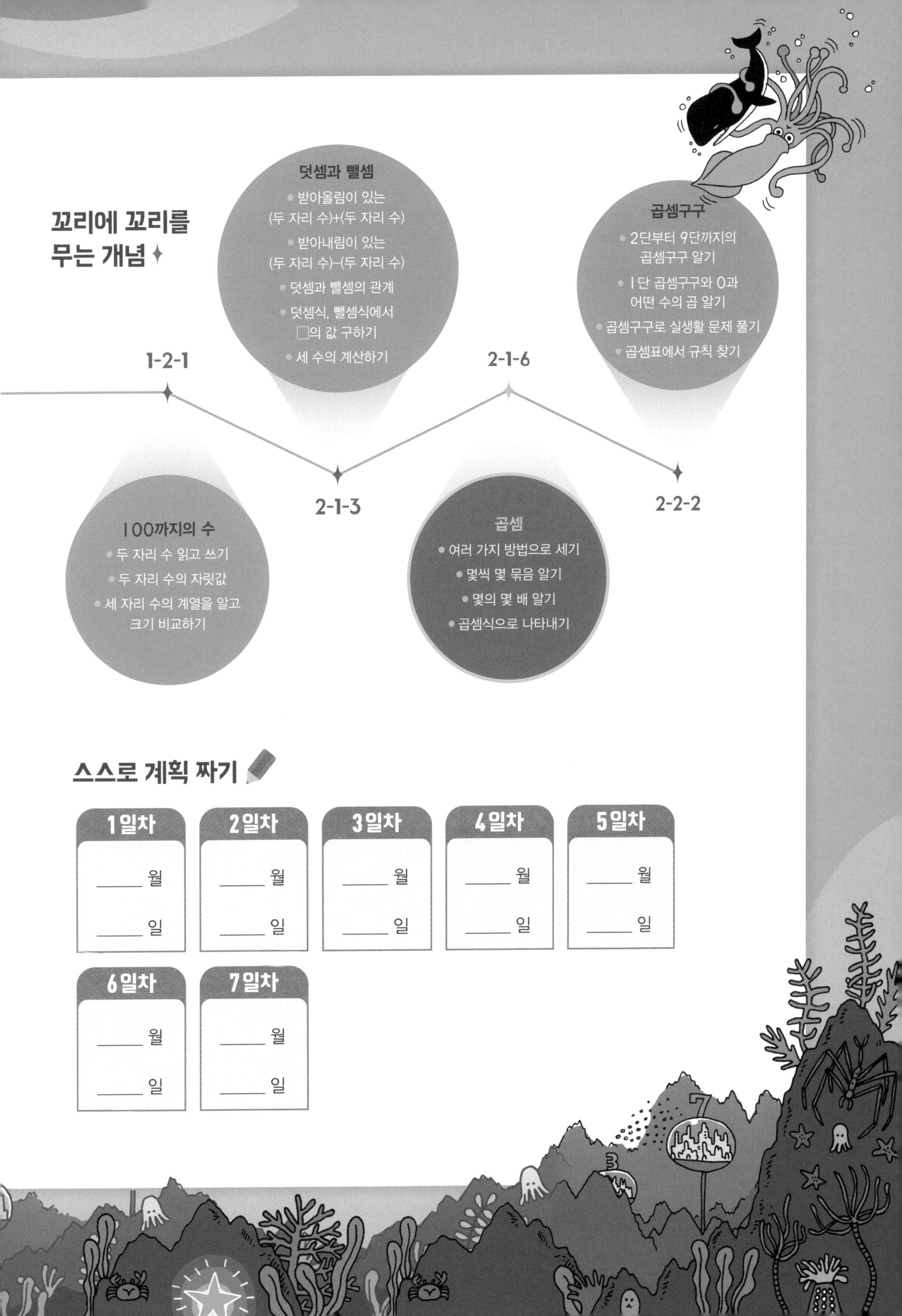

꼬리에 꼬리를 무는 개념

1-2-1

100까지의 수
- 두 자리 수 읽고 쓰기
- 두 자리 수의 자릿값
- 세 자리 수의 계열을 알고 크기 비교하기

2-1-3

덧셈과 뺄셈
- 받아올림이 있는 (두 자리 수)+(두 자리 수)
- 받아내림이 있는 (두 자리 수)−(두 자리 수)
- 덧셈과 뺄셈의 관계
- 덧셈식, 뺄셈식에서 □의 값 구하기
- 세 수의 계산하기

2-1-6

곱셈
- 여러 가지 방법으로 세기
- 몇씩 몇 묶음 알기
- 몇의 몇 배 알기
- 곱셈식으로 나타내기

2-2-2

곱셈구구
- 2단부터 9단까지의 곱셈구구 알기
- 1단 곱셈구구와 0과 어떤 수의 곱 알기
- 곱셈구구로 실생활 문제 풀기
- 곱셈표에서 규칙 찾기

스스로 계획 짜기

1일차	2일차	3일차	4일차	5일차
____ 월	____ 월	____ 월	____ 월	____ 월
____ 일	____ 일	____ 일	____ 일	____ 일

6일차	7일차
____ 월	____ 월
____ 일	____ 일

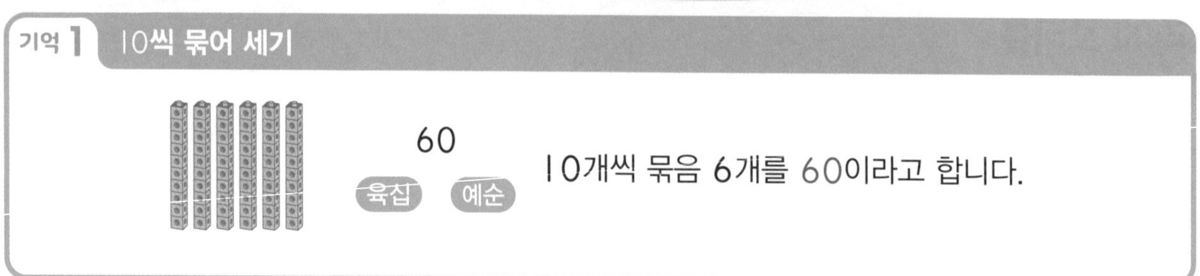

1 10개씩 묶어 세어 수를 쓰고 2가지 방법으로 읽어 보세요.

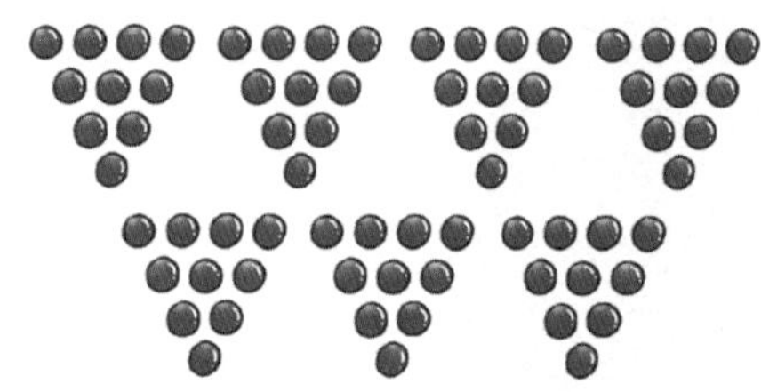

쓰기 ____________________

읽기 ____________________

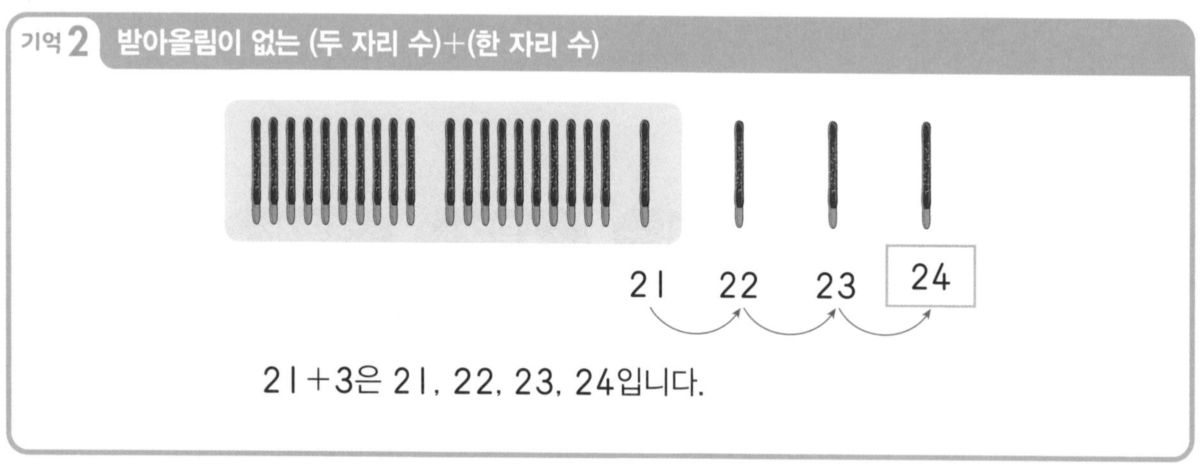

2 이어 세어 수를 더해 보세요.

(1) 24+4 ➡ 24−25−☐−☐−☐

(2) 32+5 ➡ 32−☐−☐−☐−☐−☐

기억 3 10이 넘는 한 자리 수끼리의 덧셈

5+6=11

3 빈칸에 ○을 그리고 덧셈식을 완성해 보세요.

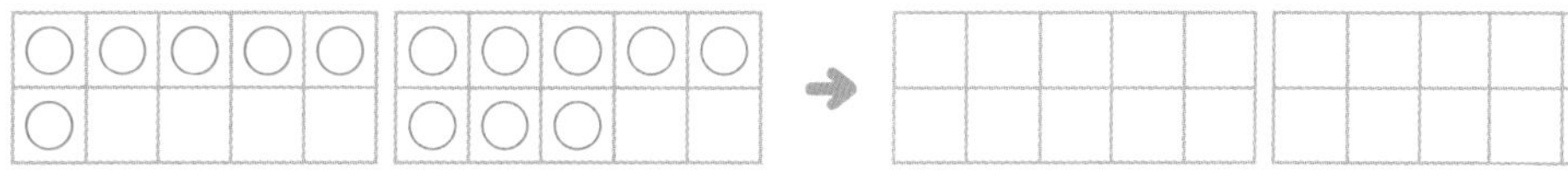

□+□=□

4 덧셈을 해 보세요.

(1) 7+8 (2) 5+9 (3) 6+7

기억 4 받아올림이 있는 (두 자리 수)+(한 자리 수)

$$\begin{array}{r} 15 \\ +\ \ 6 \\ \hline \end{array} \Rightarrow \begin{array}{r} {}^{1}\ \\ 15 \\ +\ \ 6 \\ \hline 1 \end{array} \Rightarrow \begin{array}{r} {}^{1}\ \\ 15 \\ +\ \ 6 \\ \hline 21 \end{array}$$

5 덧셈을 해 보세요.

(1) $\begin{array}{r} 16 \\ +\ \ 7 \\ \hline \end{array}$ (2) $\begin{array}{r} 27 \\ +\ \ 9 \\ \hline \end{array}$ (3) $\begin{array}{r} 49 \\ +\ \ 8 \\ \hline \end{array}$

생각열기 ①

꽃이 많은데 어떻게 세면 좋을까요?

1 봄이 어머니는 꽃집을 하십니다. 오늘 봄이 어머니는 봄이에게 꽃이 모두 몇 송이인지 세어 달라고 부탁하셨어요.

(1) 장미는 모두 몇 송이인지 세어 보고 어떤 방법으로 세었는지 써 보세요.

(2) 국화는 모두 몇 송이인지 세어 보고 어떤 방법으로 세었는지 써 보세요.

2 봄이 어머니는 봄이에게 튤립, 나팔꽃, 카네이션을 같은 꽃끼리 묶어 각각 몇 송이인지 세어 달라고 부탁하셨어요.

(1) 꽃은 각각 몇 송이인지 세어 보세요.

(2) 꽃의 수를 어떤 방법으로 세었는지 써 보세요.

(3) 꽃의 수를 세는 다른 방법을 써 보세요.

개념활용 ①-1

묶어 세기

1 로봇이 모두 몇 개인지 묶어 세어 보세요.

(1) 로봇을 ( )으로 4개씩 묶어 보세요. 로봇은 몇 묶음인가요?

➡ 4씩 ☐ 묶음

(2) 로봇의 수를 여러 가지 방법으로 말해 보세요.

2 인형이 모두 몇 개인지 묶어 세어 보세요.

(1) 인형을 ( )으로 3개씩 묶어 보세요. 인형의 수는 3씩 몇 묶음인가요?

➡ 3씩 ☐ 묶음

(2) 인형의 수를 3씩 묶어 세기로 나타내어 보세요.

3－6－☐－☐－☐－☐

3 장난감을 여러 가지 방법으로 묶어 세려고 합니다. □ 안에 알맞은 수를 써넣으세요.

(1) 3씩 □묶음 ➡ □개

(2) 4씩 □묶음 ➡ □개

(3) 6씩 □묶음 ➡ □개

(4) 3−6−□−□ ➡ □개

4 여러 가지 방법으로 묶어 세고, 어떻게 세었는지 써 보세요.

(1)

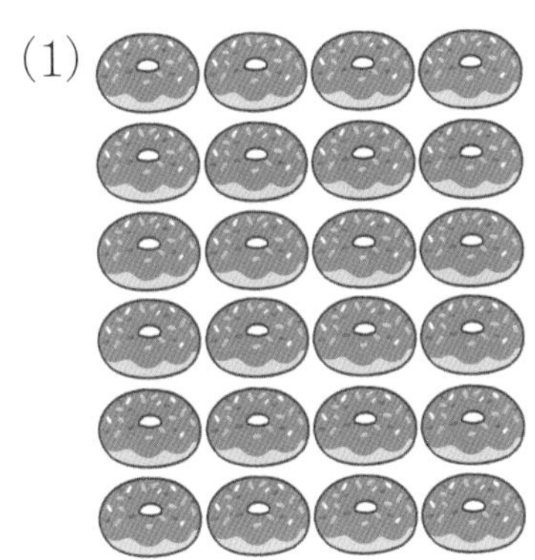

(2)

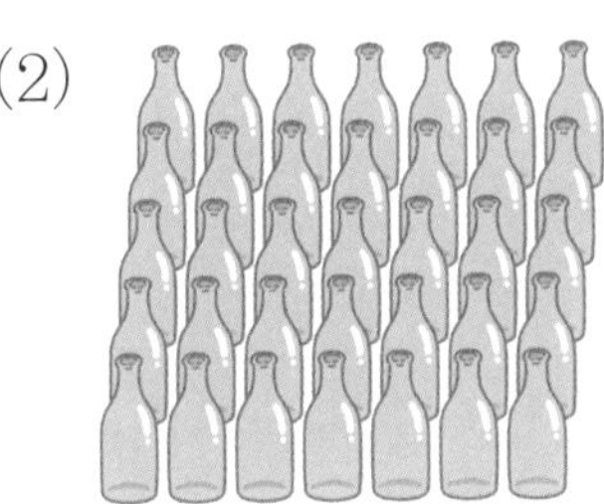

개념 정리 몇씩 몇 묶음

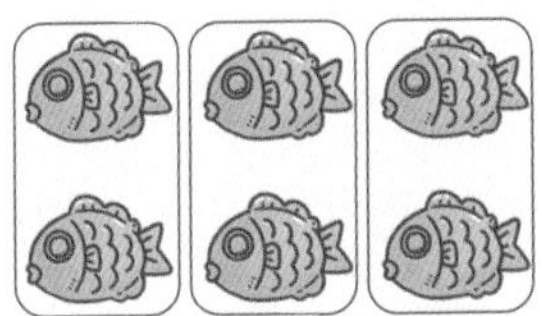

2씩 3묶음은 6입니다.

3씩 2묶음은 6입니다.

개념활용 1-2

몇의 몇 배

1 보기 와 같이 나타내어 보세요.

(1)

(2)

(3)

2 □ 안에 알맞은 수를 써넣으세요.

(1) 파란색 주사위의 수는 □씩 □묶음입니다.

(2) 파란색 주사위의 수는 빨간색 주사위의 수 □의 □배입니다.

(3) 파란색 주사위의 수는 □+□+□+□=□입니다.

3 물고기의 수를 나타내려고 합니다. □ 안에 알맞은 수를 써넣으세요.

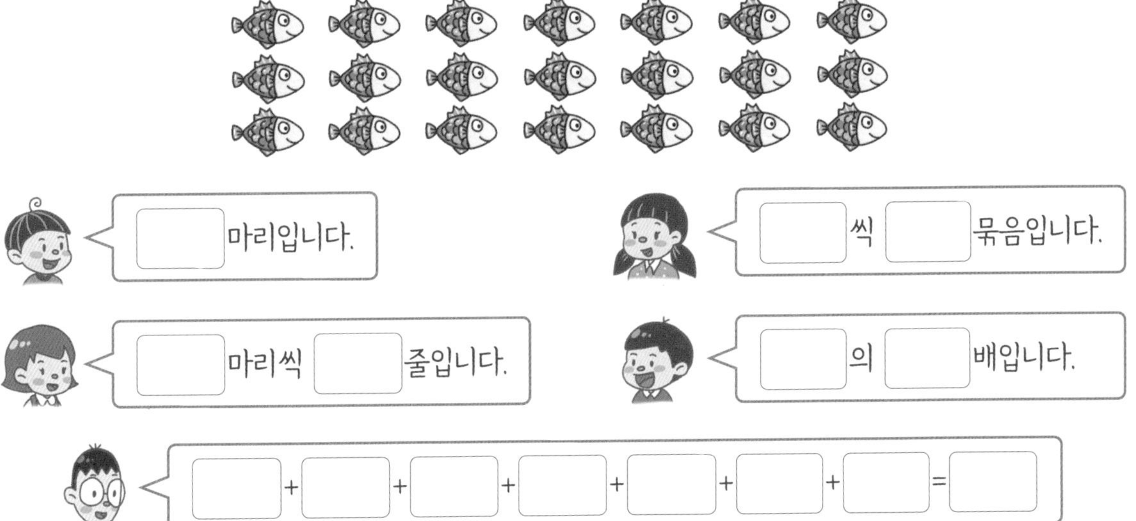

4 수를 여러가지 말로 나타내어 보세요.

(1)

(2)

(3) (1)과 (2)에서 모두 사용할 수 있는 말은 무엇인가요?

개념 정리 몇의 몇 배

2씩 3묶음은 6입니다.

2의 3배는 6입니다.

개념활용 ①-3

곱셈식으로 나타내기

개념 정리 곱셈식으로 나타내기

- 곱셈식 3×2=6으로 나타내고, 3 곱하기 2는 6이라고 읽습니다.
- 3씩 2묶음은 3의 2배이며, 3×2=6입니다.
- 3+3은 3×2와 같습니다.

1 화분 속 꽃은 모두 몇 송이인지 알아보세요.

(1) 꽃의 수는 ☐씩 ☐ 묶음입니다.

(2) 꽃의 수는 몇의 몇 배일까요?

(3) 꽃의 수를 덧셈식으로 나타내어 보세요.

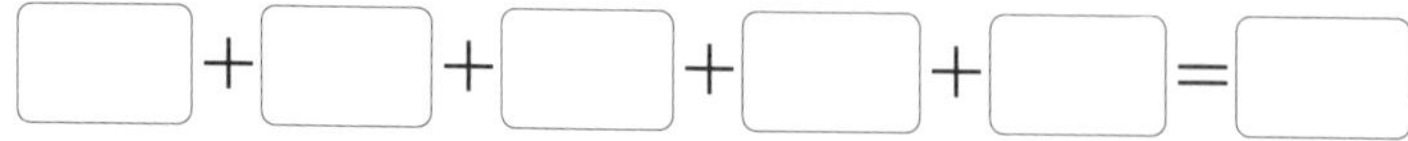

(4) 꽃의 수를 곱셈식으로 나타내어 보세요.

2 그림을 보고 알맞은 덧셈식과 곱셈식으로 나타내어 보세요.

(1)

덧셈식 ______________________

곱셈식 ______________________

(2)

덧셈식 ______________________

곱셈식 ______________________

3 수를 여러 가지 방법으로 나타내어 보세요.

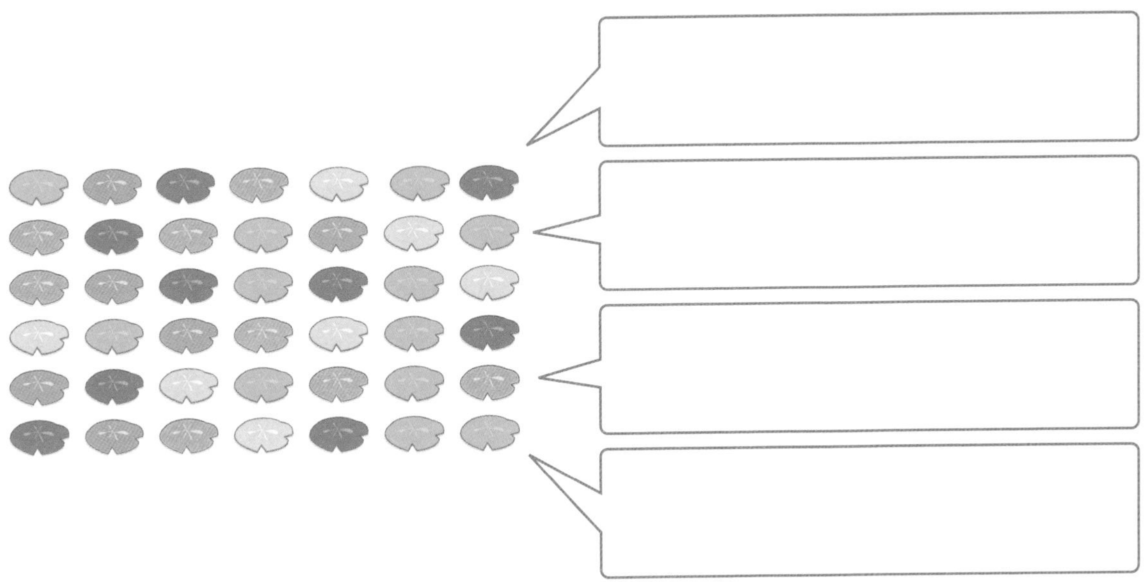

4 빈칸에 알맞은 그림을 그리고 곱셈식을 완성해 보세요.

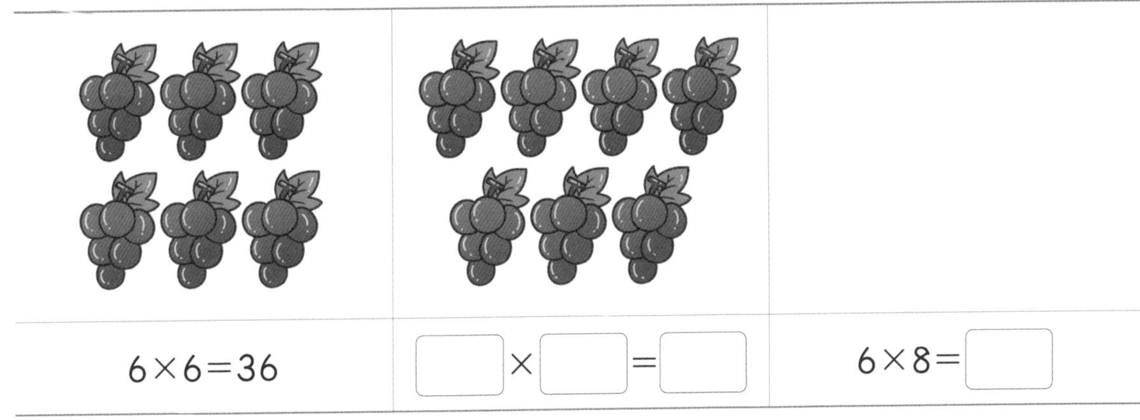

$6\times6=36$	$\square\times\square=\square$	$6\times8=\square$

표현하기

곱셈

스스로 정리 빈칸에 알맞은 수나 말을 써넣으세요.

- 인형의 수를 덧셈식으로 나타내면 □+□+□+□입니다.
- □+□+□+□을 곱셈식으로 나타내면 □×□입니다.
- □×□=□는 ______________ 라고 읽습니다.

개념 연결 빈칸에 알맞은 수를 써넣으세요.

주제	빈칸 채우기
덧셈하기	• 3+3+3+3=□ • 5+5+5=□ 29 + 29 = □
뛰어 세기	4 – 8 – ○ – ○ – ○ – ○ – ○ 10 – ○ – 30 – ○ – ○ – ○ – ○

1 바퀴가 4개인 자동차가 7대 있습니다. 자동차 바퀴의 수를 덧셈식과 곱셈식으로 어떻게 나타낼 수 있고, 그 결과는 얼마인지 친구에게 편지로 설명해 보세요.

선생님 놀이

1 색연필은 모두 몇 개인지 알아보려고 합니다. 색연필의 개수를 덧셈식과 곱셈식으로 나타내고, 설명해 보세요.

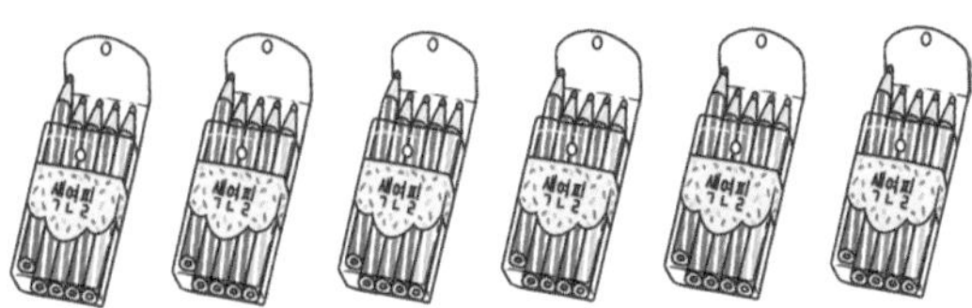

2 구슬의 개수에 대한 설명입니다. 옳지 않은 것을 찾고, 그 이유를 설명해 보세요.

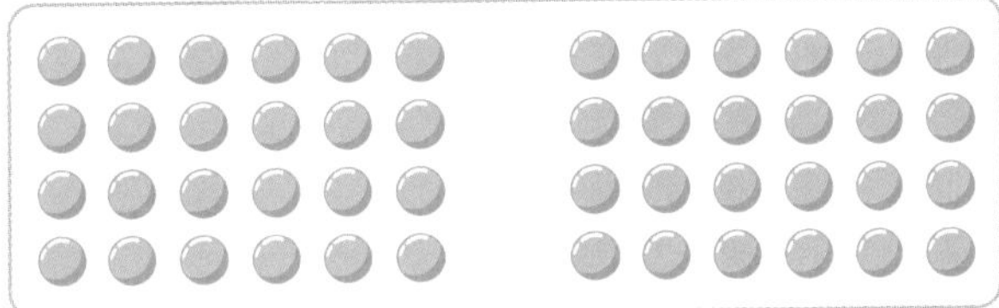

① 구슬을 6개씩 묶으면 8묶음이 됩니다.
② 구슬의 수는 6+6+6+6+6+6으로 나타낼 수 있습니다.
③ 구슬을 4개씩 묶으면 12묶음이 됩니다.
④ 구슬의 수는 6×8로 나타낼 수 있습니다.

곱셈은 이렇게 연결돼요.

덧셈과 뺄셈

곱셈

2-2
곱셈구구

(두 자리 수)×(한 자리 수)

단원평가 기본

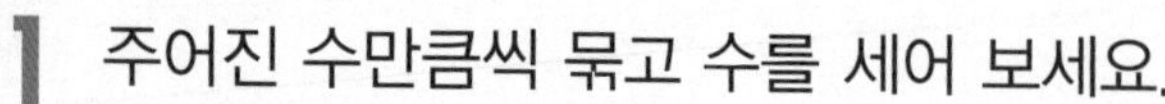

1 주어진 수만큼씩 묶고 수를 세어 보세요.

(1)

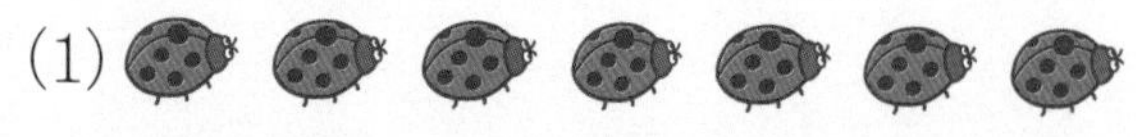

3씩 □ 묶음

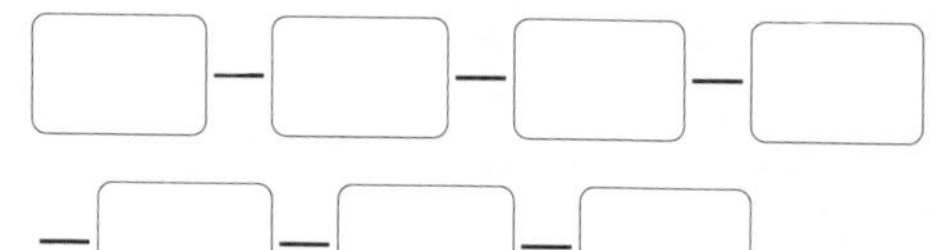

□–□–□–□–□–□–□

(2)

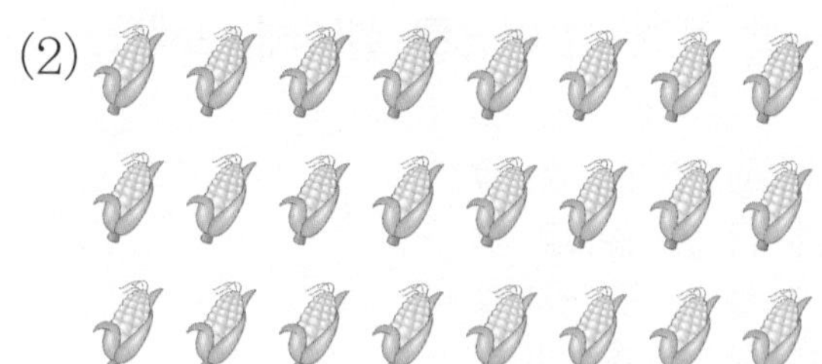

8씩 □ 묶음

2 □ 안에 알맞은 수를 써넣으세요.

(1) 5씩 □ 묶음은 □ 입니다.

(2) 5의 □ 배는 □ 입니다.

3 다음을 몇의 몇 배로 나타내어 보세요.

(1) 4씩 5묶음 ➡ ______

(2) 3–6–9–12–15 ➡ ______

(3) 6+6+6+6 ➡ ______

4 그림을 보고 알맞은 덧셈식과 곱셈식으로 나타내어 보세요.

(1)

덧셈식 ______

곱셈식 ______

(2)

덧셈식 ______

곱셈식 ______

(3)

덧셈식 ______

곱셈식 ______

5 덧셈식은 곱셈식으로, 곱셈식은 덧셈식으로 나타내어 보세요.

(1) $7+7+7=21$ ➡ ________

(2) $8\times6=48$ ➡ ________

6 곱셈식으로 나타내어 보세요.

(1)

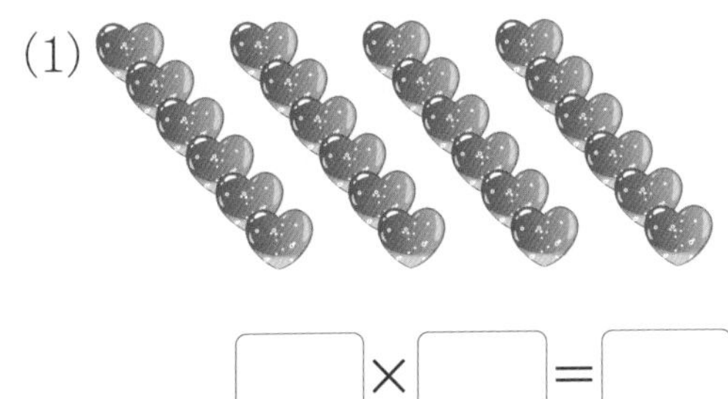

□×□=□

(2) 7씩 4묶음

(3) 8의 3배

□×□=□

(4) $9+9+9+9+9$

□×□=□

7 □ 안에 알맞은 수를 써넣으세요.

(1) 7의 6배는 □입니다.

(2) $9+9+9$는 □입니다.

(3) 5×7은 □입니다.

8 ○○○○○의 4배만큼을 그리고 곱셈식으로 나타내어 보세요.

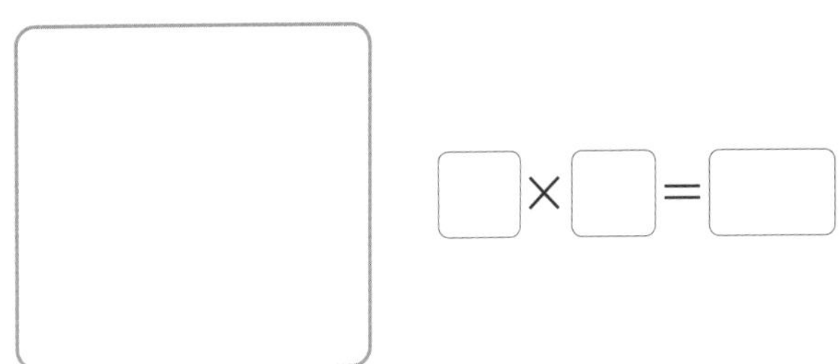

□×□=□

9 그림에서 찾을 수 있는 곱셈식을 3가지 써 보세요.

곱셈식 ________

곱셈식 ________

곱셈식 ________

단원평가 심화

1 마음대로 곱셈식을 만들고, 곱셈식에 맞는 그림을 그려 보세요.

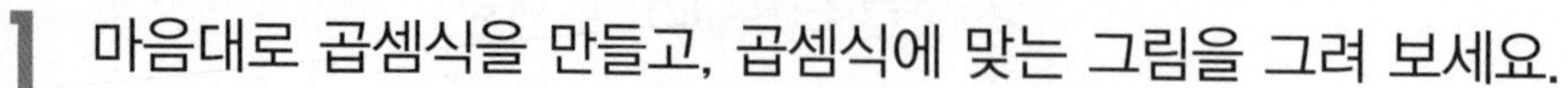

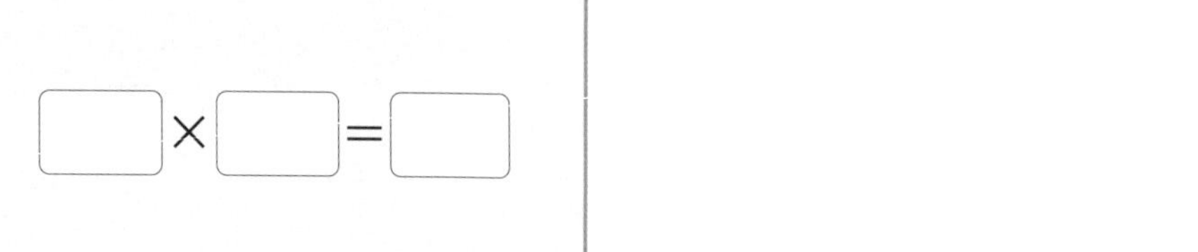

2 빨간색 모형의 수와 파란색 모형의 수를 비교하는 말을 써 보세요.

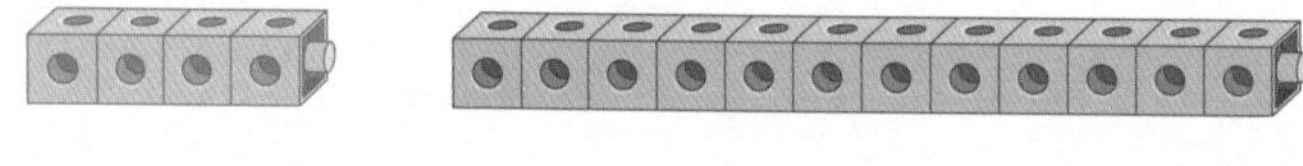

-
-
-

3 여러 가지 곱셈식을 사용하여 펭귄의 수를 알아보세요.

4 겨울이네 할아버지는 오징어를 햇볕에 말려 파는 일을 하십니다. 말린 오징어의 수를 곱셈식으로 알아보세요.

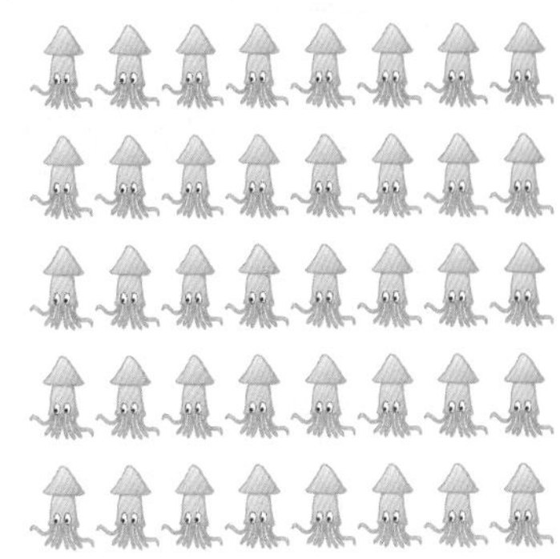

곱셈식 ______________________

( )

5 마을 잔치에 사용할 사과를 구입했습니다. 그림을 보고 구입한 사과의 수를 곱셈식으로 구해 보세요.

곱셈식 ______________________

( )

6 가을이는 동화책을 6쪽씩 5일 동안 읽었고, 여름이는 7쪽씩 4일 동안 읽었습니다. 가을이와 여름이는 동화책을 각각 몇 쪽씩 읽었을까요?

가을 ( )

여름 ( )

초중고 수학 개념연결 지도

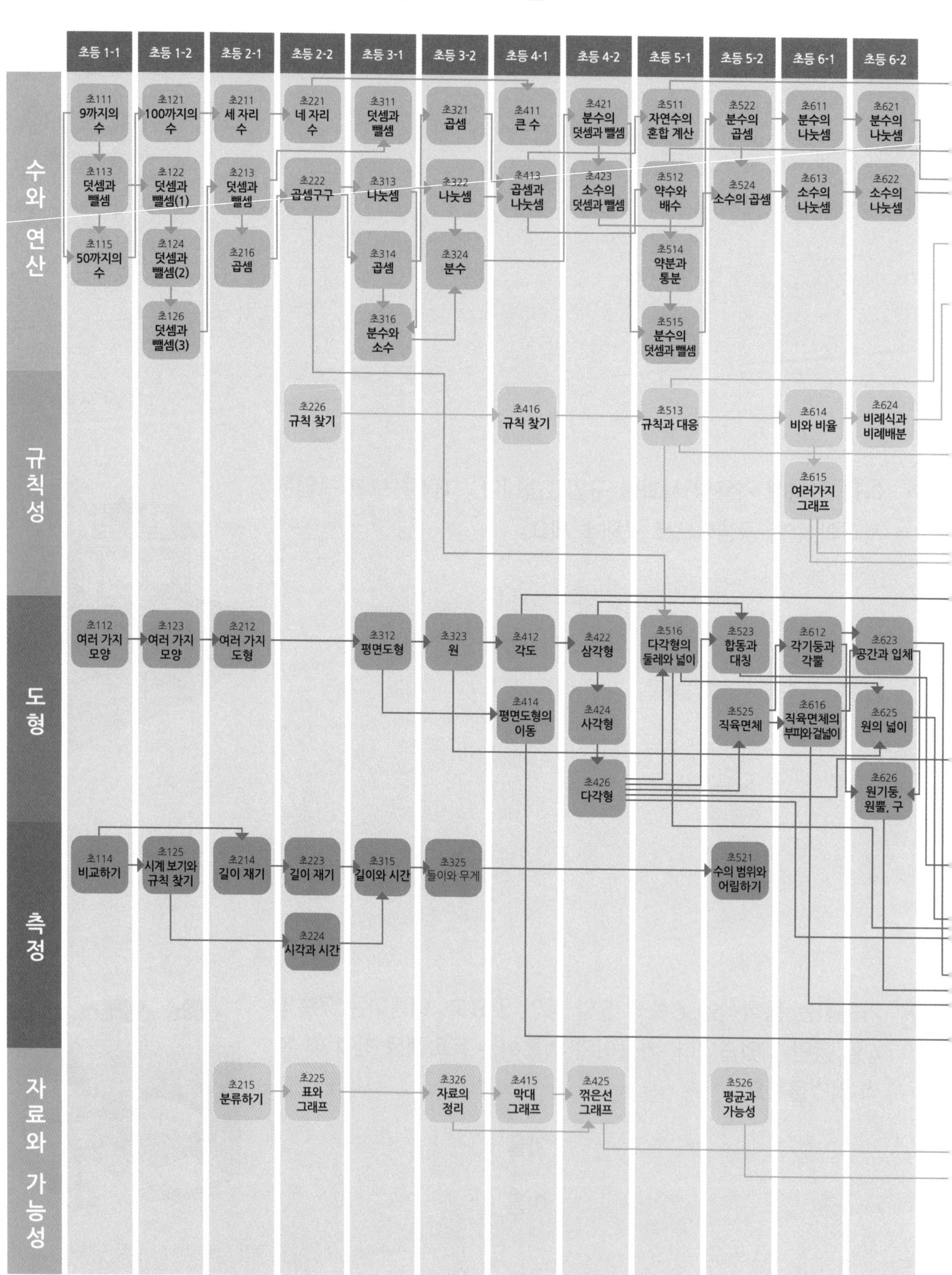

QR코드를 스캔하면
'수학 개념연결 지도'를 내려받을 수 있습니다.

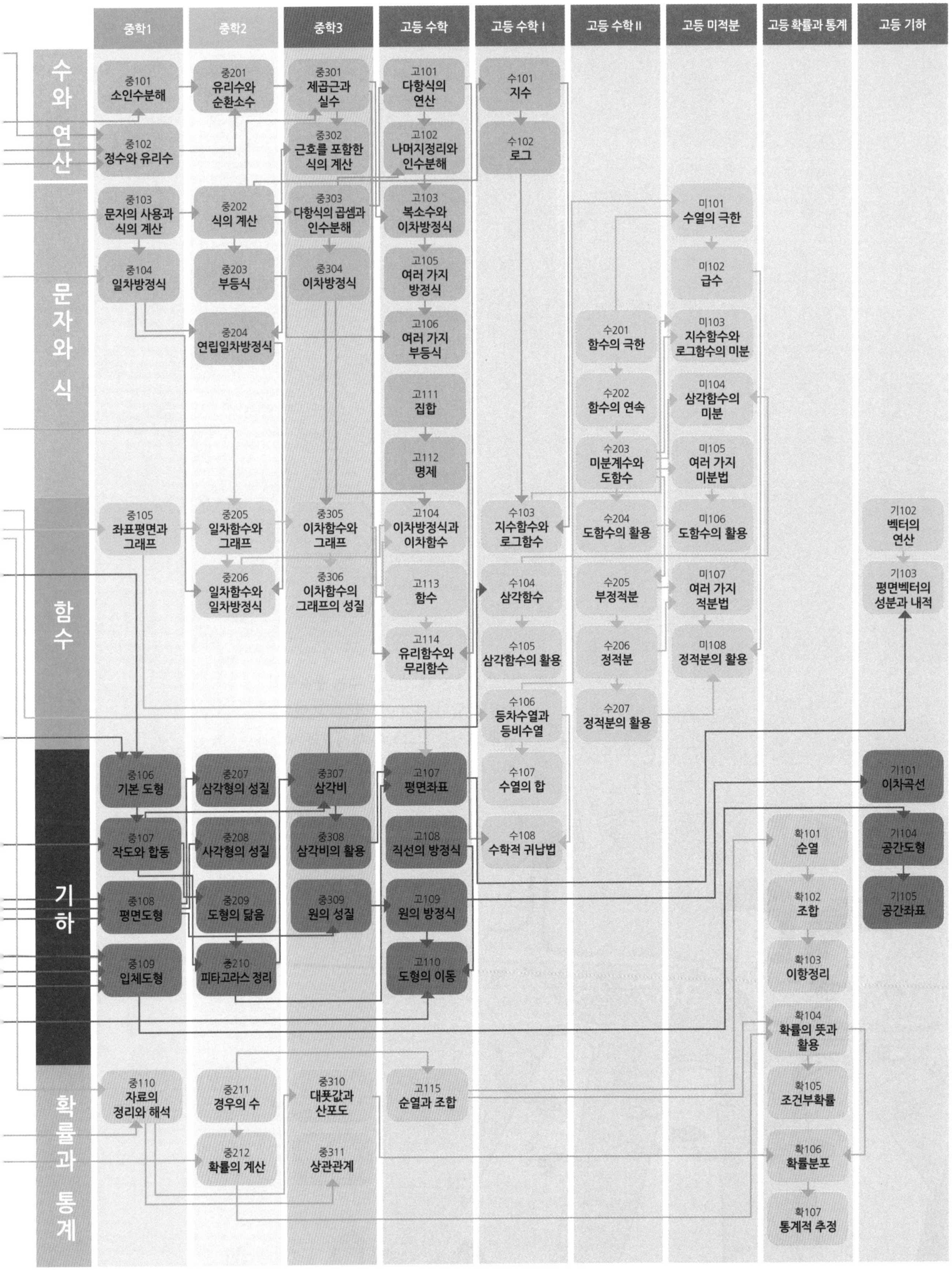

	중학1	중학2	중학3	고등 수학	고등 수학 I	고등 수학 II	고등 미적분	고등 확률과 통계	고등 기하
수와 연산	중101 소인수분해 중102 정수와 유리수	중201 유리수와 순환소수	중301 제곱근과 실수 중302 근호를 포함한 식의 계산	고101 다항식의 연산 고102 나머지정리와 인수분해	수101 지수 수102 로그				
문자와 식	중103 문자의 사용과 식의 계산 중104 일차방정식	중202 식의 계산 중203 부등식 중204 연립일차방정식	중303 다항식의 곱셈과 인수분해 중304 이차방정식	고103 복소수와 이차방정식 고105 여러 가지 방정식 고106 여러 가지 부등식 고111 집합 고112 명제		수201 함수의 극한 수202 함수의 연속 수203 미분계수와 도함수	미101 수열의 극한 미102 급수 미103 지수함수와 로그함수의 미분 미104 삼각함수의 미분 미105 여러 가지 미분법		
함수	중105 좌표평면과 그래프	중205 일차함수와 그래프 중206 일차함수와 일차방정식	중305 이차함수와 그래프 중306 이차함수의 그래프의 성질	고104 이차방정식과 이차함수 고113 함수 고114 유리함수와 무리함수	수103 지수함수와 로그함수 수104 삼각함수 수105 삼각함수의 활용 수106 등차수열과 등비수열 수107 수열의 합 수108 수학적 귀납법	수204 도함수의 활용 수205 부정적분 수206 정적분 수207 정적분의 활용	미106 도함수의 활용 미107 여러 가지 적분법 미108 정적분의 활용		기102 벡터의 연산 기103 평면벡터의 성분과 내적
기하	중106 기본 도형 중107 작도와 합동 중108 평면도형 중109 입체도형	중207 삼각형의 성질 중208 사각형의 성질 중209 도형의 닮음 중210 피타고라스 정리	중307 삼각비 중308 삼각비의 활용 중309 원의 성질	고107 평면좌표 고108 직선의 방정식 고109 원의 방정식 고110 도형의 이동				확101 순열 확102 조합 확103 이항정리	기101 이차곡선 기104 공간도형 기105 공간좌표
확률과 통계	중110 자료의 정리와 해석	중211 경우의 수 중212 확률의 계산	중310 대푯값과 산포도 중311 상관관계	고115 순열과 조합				확104 확률의 뜻과 활용 확105 조건부확률 확106 확률분포 확107 통계적 추정	

'생각열기'는 내 생각을 쓰는 문제이기 때문에 답이 여러 가지일 수 있어요. 답과 해설을 참고하여 여러분의 생각과 비교하고 수정해 보세요.
367-25

초등 **2-1**

정답과 해설

1단원 세 자리 수

기억하기
12~13쪽

1 60 / 육십, 예순

2 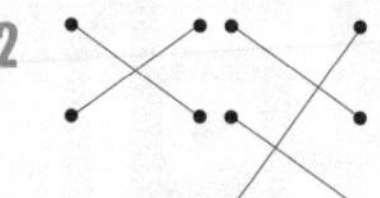

3 (1) 58, 60
(2) 83, 85

4 > / 큽니다에 ○표, 작습니다에 ○표

5 6, 18, 30에 ○표

생각열기 ①
14~15쪽

1 (1), (2) 100개 / 해설 참조

2 (1) 아니요. / 99보다 1 큰 수는 100이고, 100은 백이라고 읽습니다.
(2) 아니요. / 해설 참조

3 (1) 
(2) 100원

1 (1), (2) 예 - 1, 2, 3 …… 98, 99, 100입니다.
- 10, 20, 30……과 같이 10씩 뛰어 세면 100입니다.
- 10씩 10묶음이므로 100입니다.

2 (2) 예 - 10씩 10묶음은 100이고, 100은 백이라고 읽습니다.
- 구슬은 모두 100개이므로 10씩 뛰어 세면 10, 20, 30, 40, 50 …… 90이고 90보다 10 큰 수는 100입니다. 100은 백이라고 읽습니다.

3 (2) 10원짜리 동전 10개는 100원짜리 동전 1개와 같으므로 100원이 필요합니다.

선생님의 참견

100을 다양한 방법으로 만나 보세요. 이때 하나씩 세기, 묶어 세기, 뛰어 세기 등의 방법으로 각각 100을 이해할 수 있어야 해요.

개념활용 ①-1
16~17쪽

1 20, 30, 40, 50, 60, 70, 80, 90, 100

2 (1) 10, 0 / 1, 0, 0
(2) 백 모형 1개는 십 모형 10개와 같습니다.

3 (1) 100
(2) 1, 10
(3) 예 100은 80보다 20 큰 수입니다.

생각열기 ②
18~19쪽

1 (1), (2) 200개 / 해설 참조

2 (1), (2) 430개 / 해설 참조

3 (1), (2) 526개 / 해설 참조

4 (1) 아니요. (2) 해설 참조

1 (1), (2) 예 - 100, 200과 같이 세었습니다.
- 100개씩 2상자이므로 200개입니다.

2 (1), (2) 예 - 100, 200, 300, 400, 410, 420, 430과 같이 세었습니다.
- 100개씩 4상자, 10개씩 3상자이므로 430개입니다.
- 10, 20, 30, 130, 230, 330, 430과 같이 세었습니다.

3 (1), (2) 예 - 100, 200, 300, 400, 500, 510, 520, 521, 522, 523, 524, 525, 526과 같이 세었습니다.
- 100개씩 5상자, 10개씩 2상자, 낱개 6개이므로 526개입니다.
- 1, 2, 3, 4, 5, 6, 16, 26, 126, 226, 326, 426, 526과 같이 세었습니다.

4 (2) 예 - 64개는 10개씩 6상자, 낱개 4개를 나타내기 때문입니다.
- 100, 200, 300, 400, 500, 600, 601, 602, 603, 604와 같이 세어야 합니다.
- 100개씩 6상자, 10개씩 0상자, 낱개 4개이므로 604개입니다.

선생님의 참견

세 자리 수에 대하여 추측을 해요. 1학년 때 익힌 두 자리 수에 관한 모든 것을 연결시켜 상상해 보세요.
한 가지 방법으로만 세려 하지 말고 다양한 방법을 생각해 보세요.

개념활용 ❷-1 20~21쪽

1 (1) 2
(2) 200

2 (1) 쓰기 400 읽기 사백
(2) 쓰기 600 읽기 육백
(3) 쓰기 700 읽기 칠백

3 (1) 3, 5, 4
(2) 354

4 (1) 쓰기 403 읽기 사백삼
(2) 쓰기 612 읽기 육백십이

생각열기 ❸ 22~23쪽

1 (1) 2, 3, 8
(2) 200원
(3) 30원
(4) 8원

2 (1), (2) 999원 / 해설 참조

2 (1), (2) 예 - 100 - 200 - 300 - 400 - 500 - 600 - 700 - 800 - 900 이어서 910 - 920 - 930 - 940 - 950 - 960 - 970 - 980 - 990 이어서 991 - 992 - 993 - 994 - 995 - 996 - 997 - 998 - 999와 같이 뛰어 세었습니다.
- 100부터 100씩 뛰어 세면 900이고, 910부터 10씩 뛰어 세면 990, 991부터 1씩 뛰어 세면 999입니다.
- 100 - 300 - 500 - 700 - 900 이어서 910 - 930 - 950 - 970 - 990 이어서 991 - 993 - 995 - 997 - 999와 같이 뛰어 세었습니다.
- 100부터 200씩 뛰어 세면 900, 910부터 20씩 뛰어 세면 990, 991부터 2씩 뛰어 세면 999입니다.

선생님의 참견

세 자리 수에서 각 자리의 숫자가 얼마를 나타내는지 알아보세요. 또 다양한 방법으로 뛰어서 세어 보세요.

개념활용 ❸-1 24~25쪽

1 (1) 3, 6, 7 (2) 300 / 60 / 7
(3) (위에서부터) 3, 0, 0 / 6, 0 / 7
(4) 300, 60, 7

2 (위에서부터) 700, 70, 7 / 700, 70, 7

3 (1) 예 8, 1, 9 / 819, 800, 10, 9
(2) 예 274 / 2, 7, 4 / 200, 70, 4

개념활용 ❸-2 26~27쪽

1 (1) 200, 300, 400, 500, 600, 700, 800, 900 / 백의 자리 수만 1씩 커집니다.
(2) 920, 930 ,940, 950, 960, 970, 980, 990 / 십의 자리 수만 1씩 커집니다.
(3) 992, 993, 994, 995, 996, 997, 998, 999 / 일의 자리 수만 1씩 커집니다.
(4) 999

2 (1) 1000
(2) 1000

생각열기 ❹ 28~29쪽

1 (1) 여름 / 해설 참조
(2) 해설 참조

2 (1) 342 ➡
423 ➡

(2) 해설 참조

1 (1) 예 - 23이 12보다 더 크기 때문입니다.
- 12는 23보다 더 작기 때문입니다.
(2) 두 자리 수의 크기를 비교할 때 십의 자리 수가 큰 수가 더 큰 수이고, 십의 자리 수가 같으면 일의 자리 수가 큰 수가 더 큰 수이므로 세 자리 수의 크기도 백의 자리 수부터 차례대로 비교합니다.

2 (2) 백의 자리, 십의 자리, 일의 자리 수를 차례로 비교합니다.

선생님의 참견

세 자리 수의 크기를 비교하는 방법을 알아보세요. 1학년 때 배운 두 자리 수의 크기를 비교하는 방법을 연결해요. 모든 수는 크기를 비교하는 원리가 같다는 것을 느껴 보세요.

개념활용 ❹-1 30~31쪽

1 (1) <
(2) 백 모형끼리 비교해 보면 367은 백 모형이 3개, 415는 백 모형이 4개이므로 십 모형과 일 모형을 비교할 필요 없이 415가 367보다 크다는 것을 알 수 있습니다.

2 (1) 9, 3, 0 / <
(2) 백의 자리 수가 서로 같으므로 십의 자리 수를 비교해 보면 908은 십의 자리 수가 0, 930은 십의 자리 수가 3이므로 일의 자리 수를 비교할 필요 없이 930이 908보다 크다는 것을 알 수 있습니다.

3 (1) (위에서부터) 6, 5, 7 / 6, 9, 8
(2) 841 / 657
(3) 백의 자리 수부터 비교하면 8>6이므로 841이 세 수 중 가장 큽니다. 또한 657과 698은 백의 자리 수가 같으므로 십의 자리 수를 비교하면 5<9이므로 657이 세 수 중 가장 작습니다.

표현하기 32~33쪽

스스로 정리

5	0
	4

(위에서부터) 백, 300 / 5, 50 / 4, 일, 4 / 300, 50, 4

개념 연결

100까지의 수 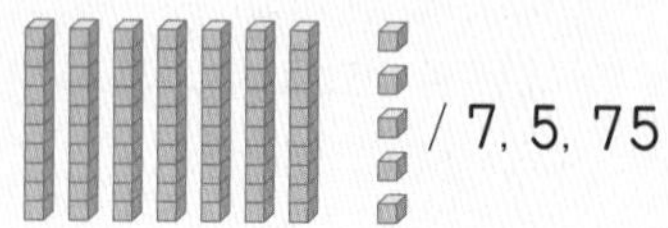 / 7, 5, 75

1 예 

3은 백 모형이 3개이고, 300을 나타내.
2는 십 모형이 2개이고, 20을 나타내.
4는 일 모형이 4개이고, 4를 나타내.

선생님 놀이

1 151, 171, 211 / 450, 750, 850 / 910, 930, 940 / 해설 참조

2 753, 357 / 해설 참조

1 첫 번째 줄은 20씩 뛰어 센 것입니다. 두 번째 줄은 100씩 뛰어 센 것이고, 세 번째 줄은 10씩 뛰어 센 것입니다.

2 가장 크려면 백의 자리가 가장 커야 하고, 그다음은 십의 자리가 커야 합니다. 그래서 가장 큰 수는 753입니다.
반대로 가장 작은 수는 백의 자리가 가장 작아야 하고, 그다음은 십의 자리가 작아야 합니다. 그래서 가장 작은 수는 357입니다.

단원평가 기본 34~35쪽

1 쓰기 100 읽기 백
2 팔백 원
3 (위에서부터) 오백사십구 / 6, 0, 7
4 (위에서부터) 3, 4, 7 / 300, 7 / 347, 300, 7
5 봄
6 (1) (위에서부터) 451, 551, 851
(2) (위에서부터) 782, 792, 812
7 (1) >
(2) <
8 해설 참조 / 300개
9 (1) 720
(2) 609
10 530
11 7, 8, 9

1 백 모형 1개가 나타내는 수는 100이고 백이라고 읽습니다.

2 800은 팔백이라고 읽습니다.

3 백의 자리 숫자가 5, 십의 자리 숫자가 4, 일의 자리 숫자가 9인 수는 549이고 오백사십구라고 읽습니다. 육백칠은 607입니다. 607의 백의 자리 숫자는 6, 십의 자리 숫자는 0, 일의 자리 숫자는 7입니다.

4 백 모형 3개, 십 모형 4개, 일 모형 7개는 각각 300, 40, 7을 나타냅니다. 수 모형이 나타내는 수 347을 각 자리의 숫자가 나타내는 값의 합으로 나타내면 347=300+40+7입니다.

5 숫자 5가 나타내는 값은 508 → 500, 125 → 5, 750 → 50입니다. 따라서 숫자 5가 50을 나타내는 수를 말한 사람은 봄입니다.

6 (1) 651 - 751에서 백의 자리 수가 1씩 커지므로 100씩 뛰어 센 것입니다.

(2) 762 - 772에서 십의 자리 수가 1씩 커지므로 10씩 뛰어 센 것입니다.

7 (1) 백의 자리 수부터 비교하면 5>4이므로 514>409입니다.

(2) 백의 자리 수가 2로 같으므로 십의 자리 수를 비교하면 5<7이므로 255<271입니다.

8 100이 3개인 수는 300이므로 100개씩 3봉지이면 300개입니다.

9 세 수 중 백의 자리 수가 가장 큰 720이 가장 큰 수입니다. 609와 612는 백의 자리 수는 각각 같고 십의 자리 수는 0<1이므로 609가 가장 작은 수입니다.

10 십의 자리 숫자가 3이므로 백의 자리 숫자는 0 또는 5입니다. 이때 백의 자리 숫자에 0이 올 수 없으므로 만들 수 있는 세 자리 수는 530입니다.

11 546과 54□의 백의 자리와 십의 자리 수는 각각 같으므로 546<54□이려면 일의 자리 수는 6<□이어야 합니다. 따라서 □ 안에 들어갈 수 있는 수는 7, 8, 9입니다.

단원평가 심화 36~37쪽

1 2개
2 ①, ④
3 338, 980, 856
4 4개
5 850, 750, 650, 550, 450, 350
6 서울 / 189
7 (1) 봄
(2) 겨울

1 10원짜리 동전 8개는 80원입니다. 80원에서 20원이 더 있으면 100원입니다. 따라서 100원이 되려면 10원짜리 동전 2개가 더 있어야 합니다.

2 백 모형이 2개, 십 모형이 6개, 일 모형이 5개이므로 수 모형이 나타내는 수는 265입니다.
① 265는 세 자리 수입니다.
② 265의 백의 자리 숫자는 2입니다.
③ 265는 이백육십오라고 읽습니다.
④ 265의 2가 나타내는 수는 200입니다.
⑤ 265의 5가 나타내는 수는 5입니다.

3 숫자 8이 나타내는 값은 338 → 8, 856 → 800, 980 → 80입니다. 따라서 숫자 8이 나타내는 수가 가장 작은 것부터 차례로 쓰면 338, 980, 856입니다.

4 10원짜리 구슬 30개를 사는 데 필요한 돈은 300원입니다. 따라서 남은 돈 400원으로 100원짜리 사탕 4개를 살 수 있습니다.

5 950부터 100씩 거꾸로 뛰어 세면 됩니다. 따라서 950 - 850 - 750 - 650 - 550 - 450 - 350입니다.

6 백의 자리 수부터 차례로 비교하면 204가 가장 큰 수이고, 189가 두 번째로 큰 수입니다. 따라서 미세 먼지 측정값이 두 번째 높은 지역은 서울입니다.

7 (1) 백의 자리 수가 3으로 가장 큰 37○이 가장 큰 수입니다.

(2) 백의 자리 수가 1로 가장 작은 19○와 18○은 백의 자리 수는 각각 같고 십의 자리 수는 9>8이므로 18○이 가장 작은 수입니다.

2단원 여러 가지 도형

기억하기

40~41쪽

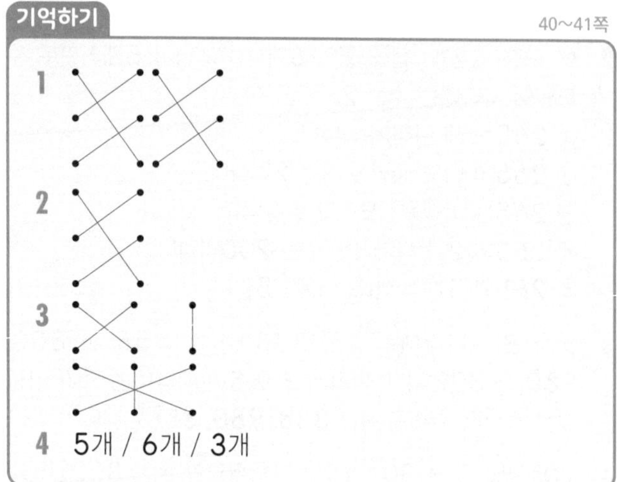

1

2

3

4 5개 / 6개 / 3개

생각열기 ❶

42~43쪽

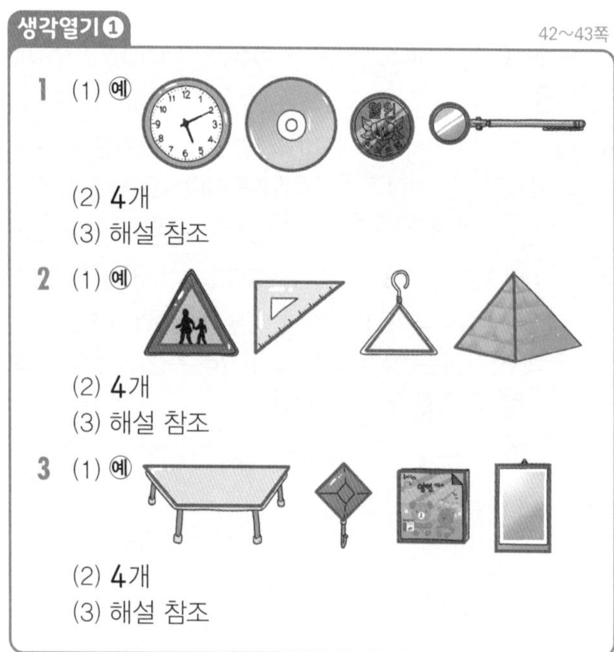

1 (1) 예

(2) 4개

(3) 해설 참조

2 (1) 예

(2) 4개

(3) 해설 참조

3 (1) 예

(2) 4개

(3) 해설 참조

1 (3) 예 – 어느 쪽에서 보아도 똑같이 동그란 모양입니다.
- 뾰족한 부분이 없습니다.
- 곧은 선이 없습니다.
- 굽은 선으로 이어져 있습니다.
- 크기는 다르지만 생긴 모양이 서로 같습니다.

2 (3) 예 – 곧은 선이 3개이고, 두 곧은 선이 만나는 점이 3 개입니다.
- 곧은 선들로 둘러싸여 있습니다.
- 굽은 선이 없습니다.
- 세모 모양입니다.
- 모양과 크기가 서로 다릅니다.

3 (3) 예 – 곧은 선이 4개이고, 두 곧은 선이 만나는 점이 4 개입니다.
- 곧은 선들로 둘러싸여 있습니다.
- 굽은 선이 없습니다.
- 모양과 크기가 서로 다릅니다.

선생님의 참견

생활 주변에서 여러 가지 도형을 주의 깊게 관찰하고 그 특징을 설명해 보세요. 특징이 비슷한 것끼리 모을 수 있어요.

개념활용 ❶-1

44~45쪽

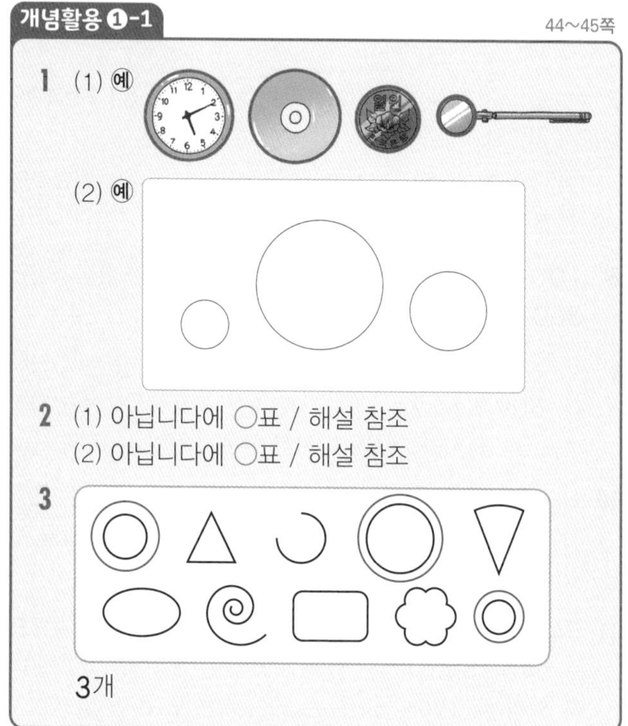

1 (1) 예

(2) 예

2 (1) 아닙니다에 ○표 / 해설 참조

(2) 아닙니다에 ○표 / 해설 참조

3

3개

2 (1) 예 모양이 동그랗지 않고 길쭉하기 때문입니다.

(2) 예 – 곧은 선이 있기 때문입니다.
- 어느 방향에서 보아도 똑같이 동그란 모양이 아니기 때문입니다.

개념활용 ❶-2

46~47쪽

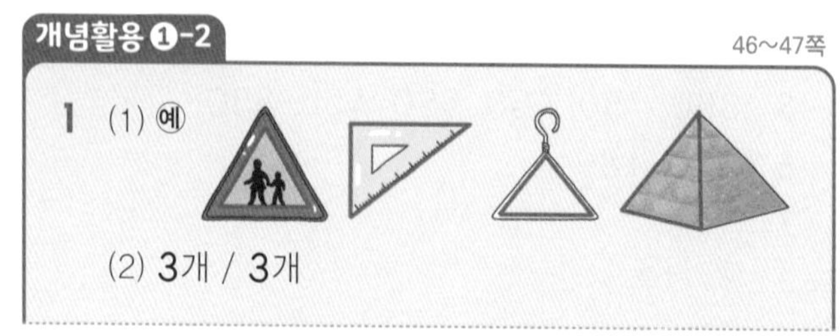

1 (1) 예

(2) 3개 / 3개

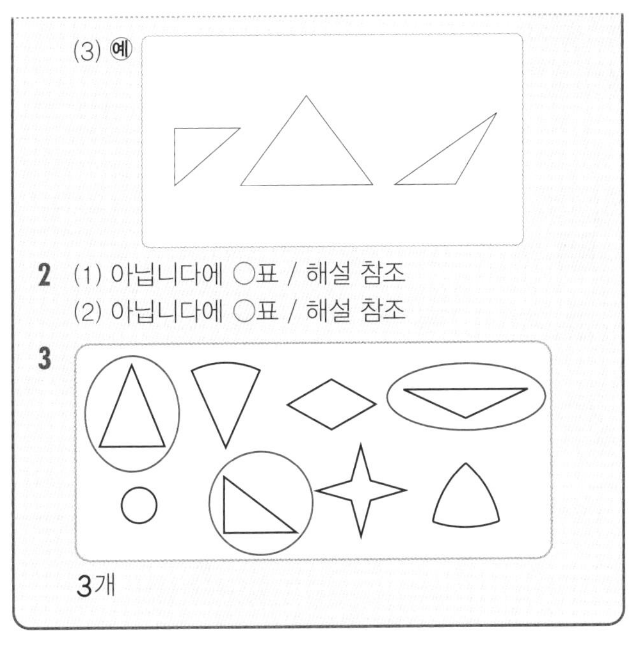

(3) 예

2 (1) 아닙니다에 ○표 / 해설 참조
(2) 아닙니다에 ○표 / 해설 참조

3

3개

2 (1) 예 – 변과 꼭짓점이 3개가 아니기 때문입니다.
(2) 예 – 삼각형 모양에서 끊어진 부분이 있기 때문입니다.
– 꼭짓점이 뾰족하지 않고 둥글기 때문입니다.

개념활용 ❶-3

48~49쪽

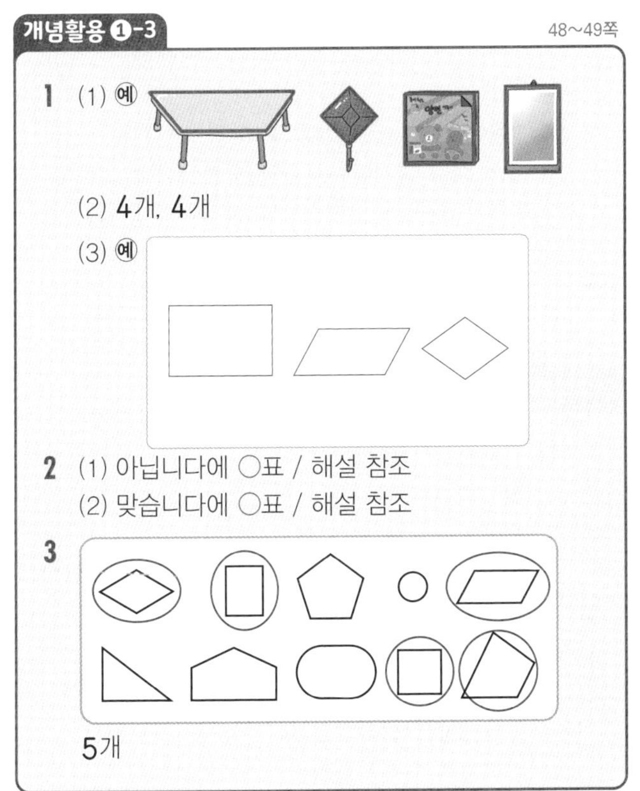

1 (1) 예

(2) 4개, 4개

(3) 예

2 (1) 아닙니다에 ○표 / 해설 참조
(2) 맞습니다에 ○표 / 해설 참조

3

5개

2 (1) 예 – 둥근 부분이 있기 때문입니다.
– 굽은 선이 있기 때문입니다.
(2) 예 변과 꼭짓점이 4개이기 때문입니다.

개념활용 ❶-4

50~51쪽

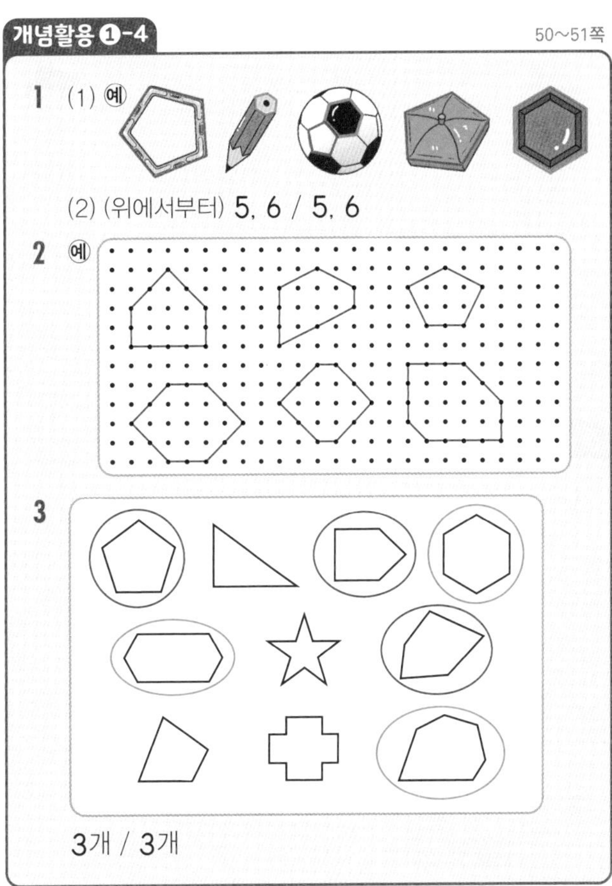

1 (1) 예

(2) (위에서부터) 5, 6 / 5, 6

2 예

3

3개 / 3개

1 (1) – 오각형: 자석블록, 축구공, 뚜껑
– 육각형: 연필, 축구공, 그릇

생각열기 ❷

52~53쪽

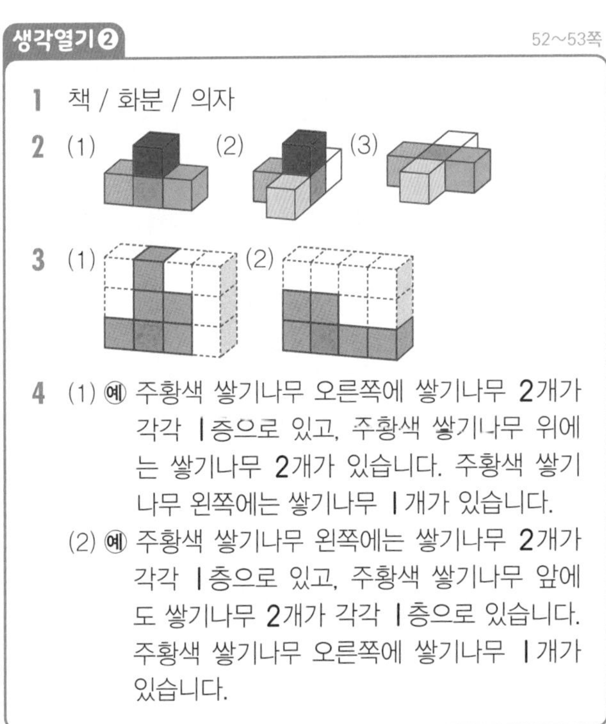

1 책 / 화분 / 의자

2 (1) (2) (3)

3 (1) (2)

4 (1) 예 주황색 쌓기나무 오른쪽에 쌓기나무 2개가 각각 1층으로 있고, 주황색 쌓기나무 위에는 쌓기나무 2개가 있습니다. 주황색 쌓기나무 왼쪽에는 쌓기나무 1개가 있습니다.
(2) 예 주황색 쌓기나무 왼쪽에는 쌓기나무 2개가 각각 1층으로 있고, 주황색 쌓기나무 앞에도 쌓기나무 2개가 각각 1층으로 있습니다. 주황색 쌓기나무 오른쪽에 쌓기나무 1개가 있습니다.

선생님의 참견

쌓기나무를 이용하여 여러 가지 모양을 만들고, 그 모양을 위치나 방향을 이용하여 설명해 보세요.

개념활용 ❷-1 54~55쪽

1 (1) /
(2) /
(3) /

2 (1)
(2)
(3)

3 (1) 예
(2) 예

4 (1) 예 쌓기나무 2개가 옆으로 나란히 있고, 왼쪽 쌓기나무 위에는 쌓기나무 2개가, 오른쪽 쌓기나무 위에는 쌓기나무 1개가 있습니다.
(2) 예 쌓기나무 3개가 옆으로 나란히 있고, 가장 왼쪽 쌓기나무 위에 쌓기나무 1개가, 가장 오른쪽 쌓기나무 앞에 쌓기나무 1개가 있습니다.
(3) 예 쌓기나무 3개가 옆으로 나란히 있고, 가장 왼쪽 쌓기나무 앞에 쌓기나무 1개가, 가장 오른쪽 쌓기나무 앞에 쌓기나무 1개가 있습니다.

표현하기 56~57쪽

스스로 정리

2개 / 2개 / 2개

개념 연결

■ 모양 예 – 곧은 선으로 둘러싸여 있습니다.

 모양 예 – 뾰족한 곳이 3군데입니다.
– 곧은 선으로 둘러싸여 있습니다.

● 모양 예 – 뾰족한 부분이 없습니다.
– 어디서 봐도 동그란 모양입니다.

1 삼각형 예 삼각형은 변이 3개, 꼭짓점이 3개야. 삼각형은 곧은 선들로 둘러싸여 있지.
사각형 예 사각형은 변이 4개, 꼭짓점이 4개야. 사각형도 곧은 선들로 둘러싸여 있어.
원 예 원은 꼭짓점과 변이 하나도 없어. 원은 곧은 선이 없고 어디서 봐도 동그란 모양이야.

선생님 놀이

1 칠교판에는 삼각형과 사각형이 있습니다. 삼각형은 ①, ②, ③, ⑤, ⑦ 5개이고, 사각형은 ④, ⑥ 2개입니다.

2 예 1층에 쌓기나무 1개를 놓고 앞, 뒤, 왼쪽, 오른쪽에 각각 쌓기나무 1개씩을 놓습니다. 그리고 1층 가운데 쌓기나무 위에 쌓기나무 1개를 더 놓습니다.

단원평가 기본 58~59쪽

1 원 / 삼각형 / 사각형

2 (1) 다, 자
(2) 가, 아
(3) 마, 사, 차

3 (위에서부터) 꼭짓점, 변

4 예 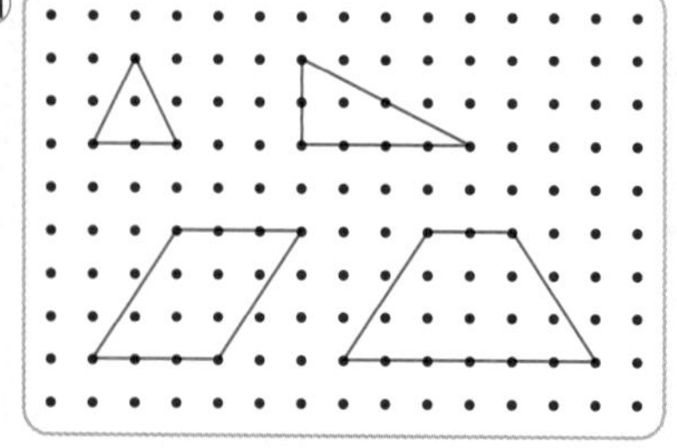

5 (위에서부터) 5, 6 / 5, 6 / 오각형, 육각형
6 오각형 / 원 / 사각형
7

8 ㉡ / ㉢ / ㉤
9 해설 참조

9 예 – 쌓기나무 3개가 나란히 있고, 가장 왼쪽 쌓기나무의 앞에 쌓기나무 1개가 있습니다.
– 쌓기나무 2개가 앞뒤로 있고, 뒤에 있는 쌓기나무의 오른쪽에 쌓기나무 2개가 나란히 있습니다.

단원평가 심화 60~61쪽

1 (1) 아니야에 ○표 / 해설 참조
(2) 맞아에 ○표 / 해설 참조
2 해설 참조
3 육각형 / 변이 6개이고 꼭짓점이 6개입니다. 곧은 선으로만 둘러싸여 있습니다.
4 예
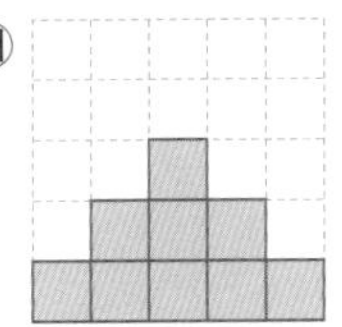

1 (1) 예 – 모양이 동그랗지 않고 길쭉하기 때문이야.
– 원은 어느 쪽에서 보아도 똑같이 동그란 모양이어야 하는데 그렇지 않기 때문이야.
(2) 예 사각형은 모양이 여러 가지인데, 변이 4개이고 꼭짓점이 4개이기 때문에 사각형이 맞아.

2 같은 점: 예 – 곧은 선으로만 둘러싸여 있습니다.
– 굽은 선이 없습니다.
다른 점: 예 변과 꼭짓점의 수가 다릅니다.

3단원 덧셈과 뺄셈

기억하기 64~65쪽

1 (1) 8 (2) 2 (3) 9 (4) 2
2 (1) 7 (2) 8 (3) 1 (4) 5
3 (1) 10, 17 (2) 10, 13
(3) 10, 18 (4) 10, 15
4 (1) (위에서부터) 13, 14, 15, 16 / 14, 15, 16, 17 / 15, 16, 17, 18
(2) (위에서부터) 9, 8, 7, 6 / 9, 8, 7 / 9 ,8

생각열기 ❶ 66~67쪽

1 (1), (2) 해설 참조
2 (1), (2) 해설 참조

1 (1), (2) 예 – 주황색 20개와 빨간색 10개를 먼저 더하면 30개이고, 나머지 주황색 3개와 빨간색 9개를 더하면 12개입니다. 여기서 30개와 12개를 더하면 42개입니다.
– 하나씩 세어 보면 42개입니다.
– 주황색은 23개이고 빨간색은 19개입니다. 두 모형을 더하면 42개입니다.
– 10개짜리 3개는 30개이고 낱개는 12개입니다. 합하면 42개입니다.

2 (1) 예 – 초록색 72개와 노란색 43개를 더하면 115개입니다.
– 초록색 10개짜리 7개와 노란색 10개짜리 4개를 먼저 더하면, 110개이고, 초록색 낱개 2개와 노란색 낱개 3개를 더하면 5개입니다. 더하면 115개입니다.
– 10개짜리 묶음이 11개 있고, 여기에 낱개 5개를 더하면 115개입니다.
(2) 예 – 10개짜리만 먼저 세고, 나중에 낱개를 세어서 더하면 10개짜리와 낱개를 구분해서 세기 때문에 편리합니다.
– 초록색의 수를 먼저 세고, 노란색의 수를 세어서 서로 더하면 한꺼번에 세는 것보다 빠르고 정확합니다.

선생님의 참견

두 자리 수를 여러 가지로 더하는 방법을 경험해요. 여러 덧셈 방법 중 자신에게 맞는 방법을 찾아보세요.

개념활용 ❶-1 68~71쪽

1 (1) 10개짜리 1개는 10개입니다. 낱개는 5개와 6개이므로 11개입니다. 10개짜리와 낱개를 더하면 21개입니다.

(2) 해설 참조

2 (1) 해설 참조

(2)
```
   1              1
   1 5            3 7
 + 3 7   또는   + 1 5
 -----          -----
   5 2            5 2
```

3 (1) 10개짜리 7묶음과 10개짜리 4묶음을 더하면 10개짜리 11묶음으로 110개가 됩니다. 110개에 낱개 5개를 더하면 115입니다.

(2) 예

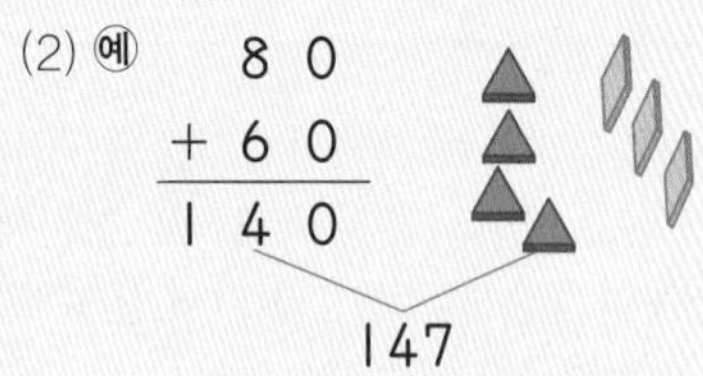

4 (1), (2) 해설 참조

1 (1) – 10개짜리와 낱개를 구분해서 계산합니다.
– 십의 자리의 수와 일의 자리의 수를 구분해서 더합니다.

(2) 예

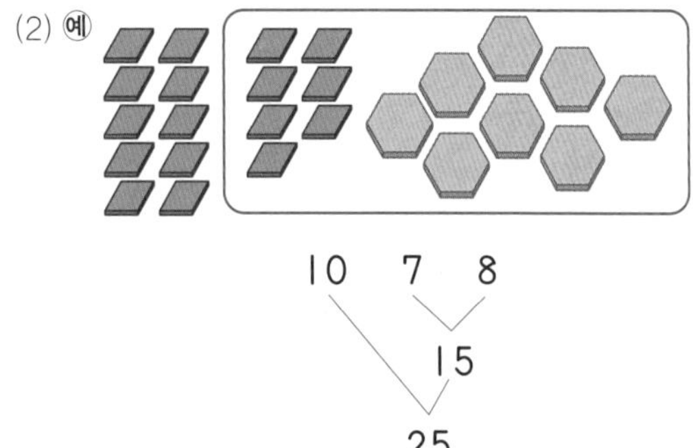

파란색은 10개와 7개입니다. 파란색 7개와 노란색 8개를 더하면 15개입니다. 10개와 15개를 더하면 25개입니다.

2 (1) 예 – 주황색 23개와 빨간색 19개를 세로셈으로 더하면 42입니다.
– 23의 3과 19의 9를 더하면 12입니다. 12의 10을 십의 자리에 받아올림하여 더합니다.
– 일의 자리 수끼리의 덧셈이 10을 넘었기 때문에 받아올림을 해서 십의 자리에 1을 더합니다. 십의 자리 수끼리 더한 3에 일의 자리에서 받아올림한 1을 더해 4를 십의 자리에 내려 씁니다.

3 (1) 10개씩 묶음끼리 더하고 낱개끼리 더한 후, 10개씩 묶음과 낱개를 합칩니다.

4 (1) 방법1 10개씩 묶음은 15묶음으로 150개이고, 낱개는 9개입니다. 150과 9는 159개입니다.

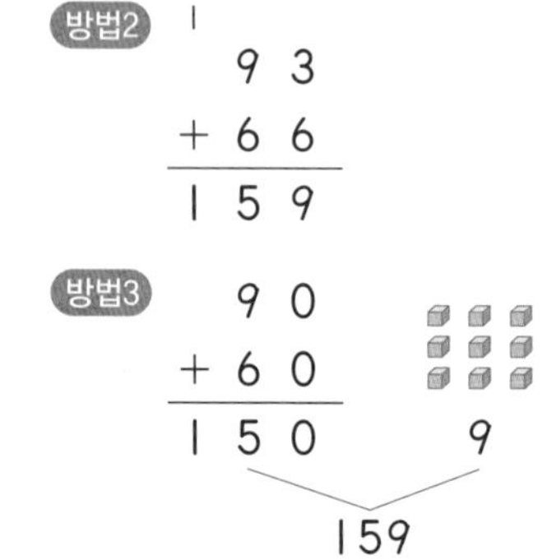

(2) 방법1 10개씩 묶음은 7묶음으로 70개이고, 낱개는 8개와 6개입니다. 낱개 8개와 6개는 14개이므로 14개를 70개와 더하면 84개입니다.

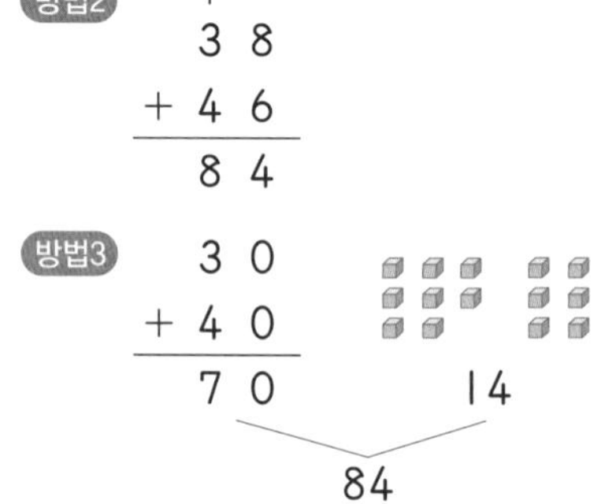

개념활용 ❶-2 72~73쪽

1 (1), (2) 해설 참조

2 24와 17을 더할 때, 일의 자리 4와 7을 먼저 더합니다. 4+7=11에서 십의 자리 1은 받아올림합니다. 십의 자리 2와 1의 합에 받아올림한 1을 더해 십의 자리는 4가 됩니다. 십의 자리 4와 일의 자리 1을 합하면 41입니다.

1 (1) 예 – 크림빵은 25개이고, 단팥빵은 38개입니다. 25와 38을 더하면, 63개입니다.

- 크림빵은 20개와 5개이고, 단팥빵은 30개와 8개입니다. 20개와 30개의 합은 50개이고 5개와 8개의 합은 13개입니다. 50개와 13개의 합은 63개입니다.

(2) 예 – 단팥빵이 수로 나타나 있지 않아서 직접 세어야 합니다.
- 크림빵 5개와 단팥빵 8개를 더하기 위해 세는 것이 어렵습니다.
- 크림빵 25개, 단팥빵 38개로 빵의 수를 먼저 구해야 계산하기 쉽습니다.

2 세로 형식으로 계산할 때는 십의 자리 수와 일의 자리 수를 맞추고, 십의 자리 수끼리, 일의 자리 수끼리 더합니다. 일의 자리 수끼리의 합이 10이거나 10을 넘으면 십의 자리 수에 1을 더합니다.

생각열기 ❷

74~75쪽

1 (1), (2) 해설 참조
2 (1)~(3) 해설 참조

1 (1), (2) 예 – 검은 돌은 24개, 흰 돌은 8개이므로 24에서 8을 뺍니다.
- 흰 돌의 수만큼 검은 돌을 지우고, 남은 검은 돌을 셉니다.
- 검은 돌을 10개와 14개로 나누고 14에서 8을 빼어 6을 구한 다음 검은 돌 10개와 더합니다. 답은 16개입니다.

2 (1) 예 – 하나씩 셉니다.
- 10개씩 묶여 있는 것과 낱개로 된 것을 구분해서 셉니다.
- 10개씩 묶습니다. 겨울이의 구슬은 10개 묶음 1묶음과 낱개 7개이고, 봄이의 구슬은 10개 묶음 3묶음과 낱개 3개입니다.

(2) 예 – 33에서 17을 뺍니다.
- 10개짜리를 한 줄씩 지웁니다. 겨울이의 구슬은 7개가 남고, 봄이의 구슬은 23개가 남습니다. 23개에서 7개를 뺍니다.
- 겨울이가 가진 구슬의 수만큼을 봄이가 가진 구슬에서 지웁니다. 봄이에게 남은 구슬을 셉니다.

(3) 예 – 두 구슬의 수를 구한 다음 빼는 것이 편리합니다. 뺄셈식으로 나타내면 계산이 쉬워지기 때문입니다.
- 10개짜리 한 줄을 지우면 수의 크기가 작아져서 계산하기 쉽습니다.
- 겨울이가 가진 구슬의 수만큼을 봄이가 가진 구슬에서 지우면, 계산할 필요 없이 세기만 하면 됩니다.

선생님의 참견

여러 가지 방법으로 뺄셈을 시도하고 여러 뺄셈 방법 중 자신에게 맞는 방법을 찾아보세요.

개념활용 ❷-1

76~79쪽

1 (1) 검은 돌을 10개와 14개로 나눕니다. 14개에서 8개를 빼면 6개가 남고, 이것을 10개와 더하면 16개가 됩니다.
(2) 해설 참조
2 (1), (2) 해설 참조
3 (1) 해설 참조
(2)
$$\begin{array}{r} {\scriptstyle 7\ 10} \\ \not{8}\ 3 \\ -\ 4\ 7 \\ \hline 3\ 6 \end{array}$$
4 (1), (2) 해설 참조

1 (1) 흰 돌의 수만큼 검은 돌을 지웁니다. 남은 검은 돌의 수를 셉니다.
(2) 예

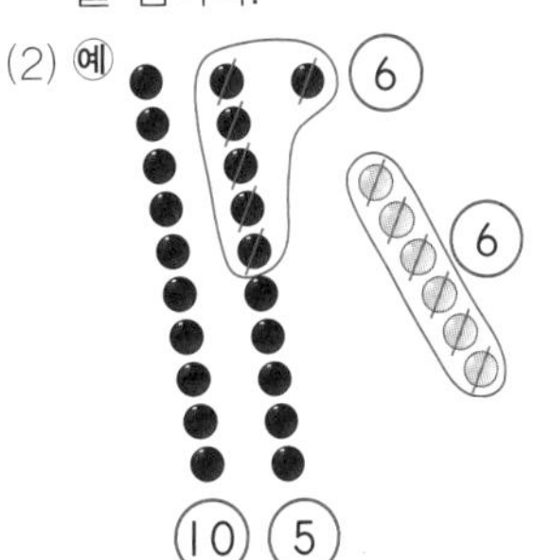

- 흰 돌의 수만큼 검은 돌을 지웁니다. 6개를 지우면, 검은 돌 15개가 남습니다.
- 검은 돌 21개를 10개와 11개로 나눕니다. 검은 돌 11개에서 6개를 빼면 5개가 남습니다. 5개와 남은 10개를 더하면 15개가 됩니다.

2 (1) 예 파란 딱지 30개를 20개와 10개로 나눕니다. 빨간 딱지 10개는 20개에서 빼고, 빨간 딱지 6개는 10개에서 뺍니다. 남은 파란 딱지는 10개와 4개입니다. 파란 딱지가 14개 많습니다.

(2) 예 40 10 / 30 4 / 10 6

파란 딱지 50개를 40개와 10개로 나누고, 빨간 딱지 34개를 30개와 4개로 나눕니다. 파란 딱지 40개에서 빨간 딱지 30개를 빼면 10개가 남고, 파란 딱지 10개에서 빨간 딱지 4개를 빼면 6개가 남습니다. 남은 파란 딱지는 16개입니다. 파란 딱지가 16개 더 많습니다.

3 (1) 예 – 초록색 33개와 주황색 17개를 세로셈으로 뺍니다.
- 33의 3에서 17의 7을 뺄 수 없으므로 3을 13으로 만든 다음 13에서 7을 뺍니다.

4 (1) 방법1

50 30 6 7

50 7

방법2

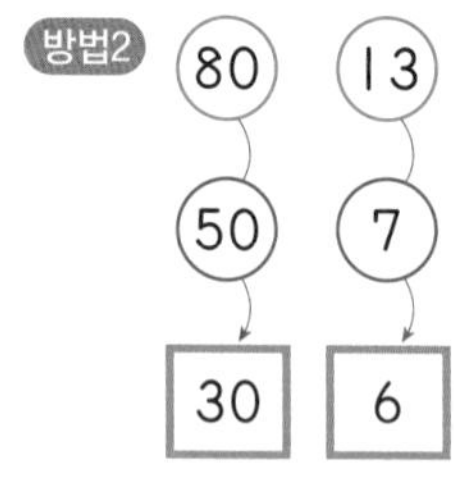

방법3

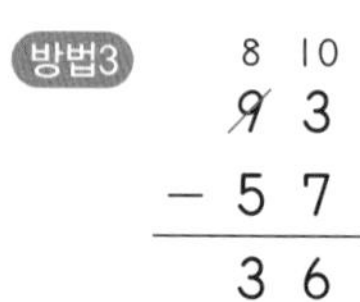

(2) 방법1

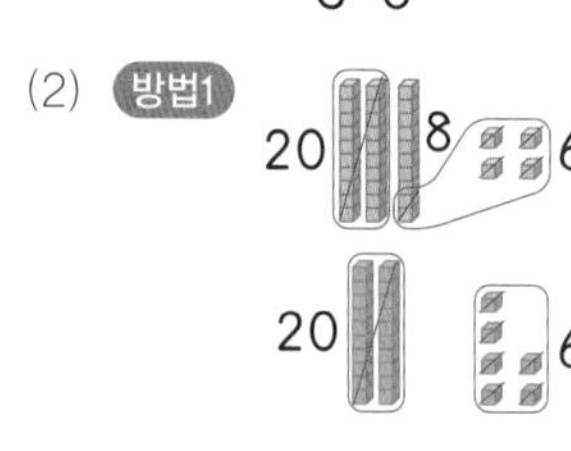

방법2

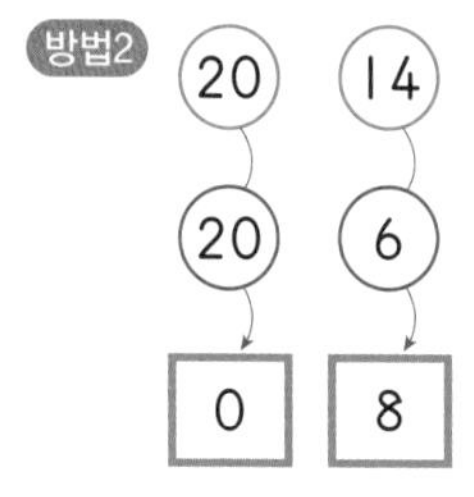

방법3

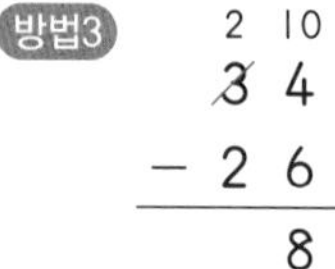

개념활용 ❷-2

80~81쪽

1 (1), (2) 해설 참조

2 43−17은 일의 자리부터 뺍니다. 3에서 7을 뺄 수 없기 때문에 43을 30과 13으로 나누어 13에서 7을 뺍니다. 13−7=6입니다. 남은 30에서 10을 빼면 20입니다. 따라서 20과 6을 더하면 26입니다.

1 (1) 예 – 학생은 32명이고, 빵은 19개입니다. 32에서 19를 빼면 13이니까 13개가 부족합니다.
- 학생 수 32를 20과 12로 나누고, 빵의 수 19를 10과 9로 나눕니다. 20에서 10을 빼면 10이고, 12에서 9를 빼면 3입니다. 결국 13개가 모자랍니다.

(2) 예 – 빵이 수로 나타나 있지 않아서 직접 세어야 합니다.
- 학생 수가 빵의 수처럼 그림으로 나타나 있으면 그림끼리 비교할 수 있습니다.
- 학생 32명, 빵 19개로 수가 정해지면 계산하기가 쉽습니다.

2 세로 형식으로 계산할 때는 십의 자리 수와 일의 자리 수를 자리에 맞추어 쓰고, 십의 자리 수끼리, 일의 자리 수끼리 뺍니다. 일의 자리 수끼리 뺄 때, 뺄 수가 없으면 십의 자리에서 10을 받아내림합니다.

생각열기 ❸

82~83쪽

1 (1) 28명에 16명을 더하고, 나온 수에서 17을 뺍니다.
(2) 28+16−17=27 / 27명
(3) 해설 참조

2 (1)~(3) 해설 참조

1 (1) 버스에 탄 사람은 더하고 버스에서 내린 사람은 뺍니다.
(3) 예 – 28+16을 먼저 계산해서 44를 구합니다. 44−17을 계산하면 버스에 남은 승객 수 27명을 구할 수 있습니다.
- 28명이 있는데 16명이 타고 17명이 내렸습니다. 16명이 타고 17명이 내린 것은 결국 1명이 내린 것과 같습니다. 28명에서 1명이 내리면 27명이 남습니다.

2 (1) 예 – 4월26일 저녁에 있었던 책이라고 할 수 있습니다.
– 4월27일 아침에 있었던 책이라고 할 수 있습니다.
– 33권을 빌려 가고 29권을 반납하기 전의 책이라고 할 수 있습니다.

(2) 예 4월 27일 빌려간 책이 33권이고 반납한 책이 29권이므로 오늘 하루 4권이 줄었습니다. 4권 줄어 22권이 되었으므로 처음 책은 26권입니다.

(3) 예 4월27일 남은 책이 22권 이므로 4월28일 처음 책은 모두 22권입니다. 22권에서 27권을 반납하면 49권이 되고 49권에서 43권을 빌려 가면 6권이 남습니다. 책꽂이에는 책이 모두 6권 남아 있습니다.

선생님의 참견

세 수의 덧셈과 뺄셈을 계산해요. 덧셈이나 뺄셈을 하는 여러 가지 방법을 생각해 보세요.

개념활용 ❸-1 84~85쪽

1 (1) (왼쪽부터) 38, 52, 52 / 38, 38, 52
(2) 33 / 36

2 (1) 5, 7, 12 / 7, 5, 12
(2) 12, 5, 7 / 12, 7, 5

3 (1) (위에서부터) 39, 42 / 29에 13의 10을 먼저 더하면 39이고, 39에 3을 더하면 42입니다.
(2) (위에서부터) 20, 11 / 30에서 19의 10을 먼저 빼면 20이 남고, 20에서 9를 또 빼면 11이 남습니다.

4 (1) 덧셈식 5+□=13
(2) 뺄셈식 15−□=7

1 (2) 34−19+18=33 (34−19=15, 15+18=33)

$$\begin{array}{r} 34 \\ -\ 19 \\ \hline 15 \end{array} \rightarrow \begin{array}{r} 15 \\ +\ 18 \\ \hline 33 \end{array}$$

48+13−25=36 (48+13=61, 61−25=36)

$$\begin{array}{r} 48 \\ +\ 13 \\ \hline 61 \end{array} \rightarrow \begin{array}{r} 61 \\ -\ 25 \\ \hline 36 \end{array}$$

4 (1) 봄이에게 받은 색종이의 수를 □로 하는 식을 세웁니다.
(가지고 있던 색종이의 수)+(받은 색종이의 수)
=(총 색종이의 수)
➡ 5+□=13

(2) 먹은 초콜릿의 수를 □로 하는 식을 세웁니다.
(가지고 있던 초콜릿의 수)−(먹은 초콜릿의 수)
=(남은 초콜릿의 수)
➡ 15−□=7

표현하기 86~87쪽

스스로 정리

39+74

예 십의 자리와 일의 자리를 나누어 더하기
30+70=100, 9+4=13이므로
39+74=100+13=113입니다.

예 세로셈

$$\begin{array}{r} {}^{1}\ \ \\ 39 \\ +\ 74 \\ \hline 113 \end{array}$$

예 74를 1과 73으로 가르기 하여
1+39=40, 40+73=113으로 계산합니다.

55−38

예 세로셈

$$\begin{array}{r} {}^{4\ 10} \\ \not{5}5 \\ -\ 38 \\ \hline 17 \end{array}$$

예 38을 30과 8로 가르기 하여
55−30=25, 25−8=17로 계산합니다.

예 55를 15와 40으로 가르기 하여
40−38=2, 2+15=17로 계산합니다.

개념 연결

두 수의 덧셈 (1) 14 (2) 13 (3) 11 (4) 12

두 수의 뺄셈 (1) 9 (2) 7 (3) 7 (4) 8

1 35+86

$$\begin{array}{r} \overset{1}{3}\,5 \\ +\ 8\,6 \\ \hline 1\,2\,1 \end{array}$$

① 자리에 맞춰 수를 세로로 써.
② 일의 자리 수끼리의 합 11에서 10은 십의 자리로 받아올림하고, 남은 1은 일의 자리에 내려 써.
③ 십의 자리 수끼리의 합 110에 받아올림한 10을 더하여 120을 십의 자리에 내려 써.

56−29

$$\begin{array}{r} \overset{4}{\cancel{5}}\,\overset{10}{6} \\ -\ 2\,9 \\ \hline 2\,7 \end{array}$$

① 자리에 맞춰 수를 세로로 써.
② 6−9를 할 수 없으므로 십의 자리 5 위에 4를 작게 쓴 다음 일의 자리 위에도 10을 작게 쓰고 16에서 9를 뺀 값인 7을 일의 자리에 내려 써.
③ 십의 자리 수끼리 빼면 4−2이므로 2를 십의 자리에 내려 써.

선생님 놀이

1 93−76=17 / 계산 결과가 가장 작으려면 빼는 수가 가장 커야 하므로 수 카드로 76을 만들었습니다. 93−76을 세로셈으로 하면 17입니다.

$$\begin{array}{r} \overset{8}{\cancel{9}}\,\overset{10}{3} \\ -\ 7\,6 \\ \hline 1\,7 \end{array}$$

2 35명 / 아프리카관에서 16명이 내렸으므로 27명이 남았습니다.

$$\begin{array}{r} \overset{3}{\cancel{4}}\,\overset{10}{3} \\ -\ 1\,6 \\ \hline 2\,7 \end{array}$$

다시 8명이 탔으므로 코끼리 버스에는 35명이 타고 있습니다.

$$\begin{array}{r} \overset{1}{2}\,7 \\ +\ \ 8 \\ \hline 3\,5 \end{array}$$

단원평가 기본 88~89쪽

1 해설 참조
2 ②
3 (1) 82 (2) 36
4 82, 27
5 65, 9, 56 / 65, 56, 9
6 37+14=51이고, 51−9=42입니다. / 53−19=34이고, 34+48=82입니다.
7 (1) 23+8=31(개) (2) 24+38=62(송이) (3) 81 (4) 73
8 37+44=81 / 27+39=66 / 26+49=75
9 (1) 23−8=15(개) (2) 42−27=15(송이) (3) 54 (4) 16
10 69−23=46 / 45−18=27 / 85−49=36

1

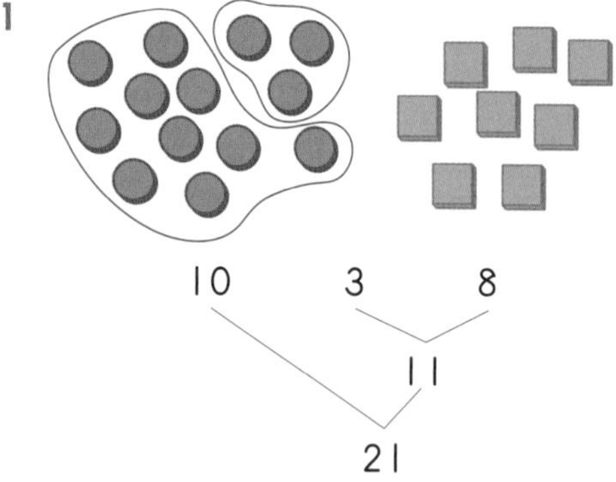

10 3 8
11
21

단원평가 심화 90~91쪽

1 (1) 25, 26, 27에 ○표 (2) 27, 28에 ○표
2 (1) 24, 47 또는 16, 55 또는 47, 24 또는 55, 16
(2) 42, 23 또는 73, 54
3 (1) 9, 7 (2) 7, 5
4 16장
5 138 cm
6 1, 6 / 3, 5 / 2, 4

1 (1) 34+□=62에서 □의 수를 먼저 찾습니다. 62−34=28이므로 □의 수는 28입니다.

34+28=62이므로 28보다 작은 수를 넣어야 34+□가 62보다 작은 수가 됩니다.

(2) 72−□=43에서 □의 수를 먼저 찾습니다. 72−43=29이므로 □의 수는 29입니다. 72−29=43이므로 29보다 작은 수를 넣어야 72−□가 43보다 큰 수가 됩니다.

2 (1) 더해서 나온 수가 71이므로 일의 자리 수는 2+9, 3+8, 4+7, 5+6 중 하나입니다. 십의 자리의 합은 7이거나 6이어야 합니다. 6이 되는 경우는 받아올림으로 1이 커지는 때입니다. 따라서 수 카드 중에서는 24와 47, 16과 55가 해당됩니다.

(2) 빼서 나온 수가 19이므로 일의 자리 수는 11−2, 12−3, 13−4, 14−5, 15−6, 16−7, 17−8, 18−9 중 하나입니다. 십의 자리의 차는 2이거나 1이어야 합니다. 2가 되는 경우는 받아내림으로 1이 작아지는 때입니다. 따라서 수 카드 중에서는 42와 23, 73과 54가 해당됩니다.

3 (1) 7과 더해서 일의 자리 수가 6이 되는 수는 9입니다. 따라서 일의 자리 수의 빈칸에 들어가는 수는 9입니다. 십의 자리 수 5와 더해서 13이 되는 수는 8입니다. 그런데 받아올림이 있기 때문에 6과 어떤 수를 더해 13이 되어야 합니다. 따라서 십의 자리 수의 빈칸에 들어가는 수는 7입니다.

(2) 일의 자리 수 3에서 □를 빼어 8이 될 수 없으므로 13에서 □를 빼어 8이 되어야 합니다. 13−5=8이므로 □는 5입니다. 십의 자리의 수 □에서 2를 빼어 4가 되려면 □는 6이어야 하는데, 십의 자리에서 받아내림했으므로 1 더 큰 수여야 합니다. □에 들어가는 수는 7입니다.

4 전체 색종이는 35+28=63(장)입니다. 63장에서 47장을 사용했기 때문에 63−47=16(장)이 남았습니다.

5 같은 길이만큼 세 걸음을 걸었으므로 46+46+46을 구합니다. 46+46은 92이고, 92+46=138 (cm)입니다.

6 가장 적은 학년 1, 2학년을 묶으면 100명으로 가장 적지만, 가장 많은 4, 6학년은 153명이 됩니다.
학생 수가 가장 많은 6학년과 가장 적은 1학년을 짝지어야 가능한 적은 학생 수가 되도록 만들 수 있습니다.
1, 6학년 128명, 3, 5학년 132명, 2, 4학년 125명으로 묶으면, 가장 많을 때가 132명입니다.
1, 6학년 128명, 2, 5학년 122명, 3, 4학년 135명으로 묶으면, 가장 많을 때가 135명입니다.
따라서, 1, 6학년, 3, 5학년, 2, 4학년으로 묶으면 가능한 적은 학생 수로 묶을 수 있습니다.

4단원 길이 재기

기억하기

94~95쪽

1 (1) (○) ( ) (2) ( ) (△) (3) ( ) (△) (○)

2 (1) 길다, 짧다
(2) 짧다, 길다
(3) 길다, 짧다

생각열기 ①

96~97쪽

1 (1) 해설 참조
(2) 예 교실 길이를 재고 있습니다.
(3) 걸음
(4) 예 8걸음

2 (1) 해설 참조
(2) 겨울이의 뼘으로 8뼘, 아버지의 뼘으로 6뼘
(3) 사람마다 한 뼘의 길이가 다르기 때문입니다.
(4) 해설 참조

1 (1) 예 – 봄이는 무엇을 하고 있나요?
– 봄이는 무엇으로 길이를 재고 있나요?

2 (1) 예 – 식탁의 길이는 얼마인가요?
– 겨울이가 재었을 때와 아버지가 재었을 때의 길이가 왜 다를까요?
– 뼘으로 재면 편리한 점은 무엇일까요?
– 뼘으로 재면 불편한 점은 무엇일까요?

(4) 예 – 사람마다 잰 길이가 모두 다릅니다.
– 정확한 길이를 알 수 없습니다.

선생님의 참견

물건의 길이를 재기 위해서 걸음, 뼘 등 다양한 단위를 사용할 수 있어요. 여러 가지 단위를 사용하여 길이를 재는 경우 같은 물건도 재는 사람에 따라 길이가 달라질 수 있어요.

개념활용 ❶-1

98~99쪽

1 (1) 예 문제집의 길이를 재고 있습니다.
(2) 뼘
(3) 3뼘
(4) 예 손가락을 한껏 벌려서 재야 합니다.

2 (1) 예 3뼘 조금 넘게 나왔습니다. /
4번 조금 못 되게 나왔습니다. /
1번 조금 넘게 나왔습니다.
(2) 해설 참조

2 (2) 예 – 재는 물건에 따라 길이가 다르게 표현됩니다.
– 길이를 정확히 재기가 어렵습니다.

개념활용 ❶-2

100~101쪽

1 예 약속된 단위가 필요합니다.

2 (1) 0, 1, 2, 3, 4, 5, 6, 7, 8, 9, 10
(2) 0과 1 사이의 길이

3 (1) 1 쓰기 1 cm 읽기 1 센티미터
(2) 2 쓰기 2 cm 읽기 2 센티미터
(3) 3 쓰기 3 cm 읽기 3 센티미터
(4) 4 쓰기 4 cm 읽기 4 센티미터

생각열기❷

102~103쪽

1 (1) 봄, 가을, 여름
(2) 해설 참조

2 (1) 봄, 가을, 여름
(2) 해설 참조
(3) 해설 참조

1 (2) 예 봄이는 물건을 자의 눈금 0이 아니라 1부터 재었으므로 지우개의 길이는 5 cm가 아닙니다. 가을이는 비스듬하게 재어 물건이 자에 닿지 않았습니다. 여름이는 물건의 한쪽 끝을 0에 정확하게 맞추지 않았습니다.

2 (2) 예 봄이는 물건의 한쪽 끝을 자의 눈금 0에 맞추고, 다른 쪽 끝에 있는 자의 눈금을 읽었습니다. 가을이는 물건의 한쪽 끝을 0에 맞추고, 다른 쪽 끝에 있는 눈금 4와 5 중 5에 가깝기 때문에 약 5 cm라고 읽었습니다. 여름이는 물건의 한쪽 끝을 0에 맞추고, 다른 쪽 끝이 5와 6 중 5에 가깝기 때문에 약 5 cm라고 읽었습니다.

(3) 예 물건의 한쪽 끝을 자의 눈금 0에 맞추고, 물건의 다른 쪽 끝에 있는 자의 눈금을 읽습니다. 길이가 자의 눈금 사이에 있을 때는 가까이에 있는 쪽의 숫자를 읽습니다.

선생님의 참견

자로 길이를 재는 데 있어 실수를 먼저 경험함으로써 다시 실수하지 않도록 해요. 특히 물건의 끝이 눈금과 정확히 일치하지 않을 때 길이 읽는 법을 익혀야 해요.

개념활용 ❷-1

104~105쪽

1 (1) 3 (2) 4

2 5

3 (1) 4 (2) 7 (3) 8

표현하기

106~107쪽

스스로 정리

4 / 5 / 9

개념 연결

길이 비교
- 고추에 ○표
- 깁니다에 ○표
- 대파
- 짧은

1 예 – 색연필은 약 9 cm이므로 약 4 cm인 지우개보다 더 길어.
– 색연필은 약 9 cm이므로 약 5 cm인 팔찌보다 더 길어.
– 지우개는 약 4 cm이므로 약 5 cm인 팔찌보다 더 짧아.

선생님 놀이

1 ㉢, ㉠, ㉡ / 해설 참조

2 ㉡, ㉢ / 해설 참조

1 다리미 줄은 곧게 펴져 있으니 가장 짧고, 선풍기 줄은 두 번 꼬여 있어서 헤어드라이어 줄보다 더 깁니다.

2 ㉡ 한쪽 끝을 0에 맞추지 않았습니다.
㉢ 비스듬하게 재어 물건이 자에 닿지 않았습니다.

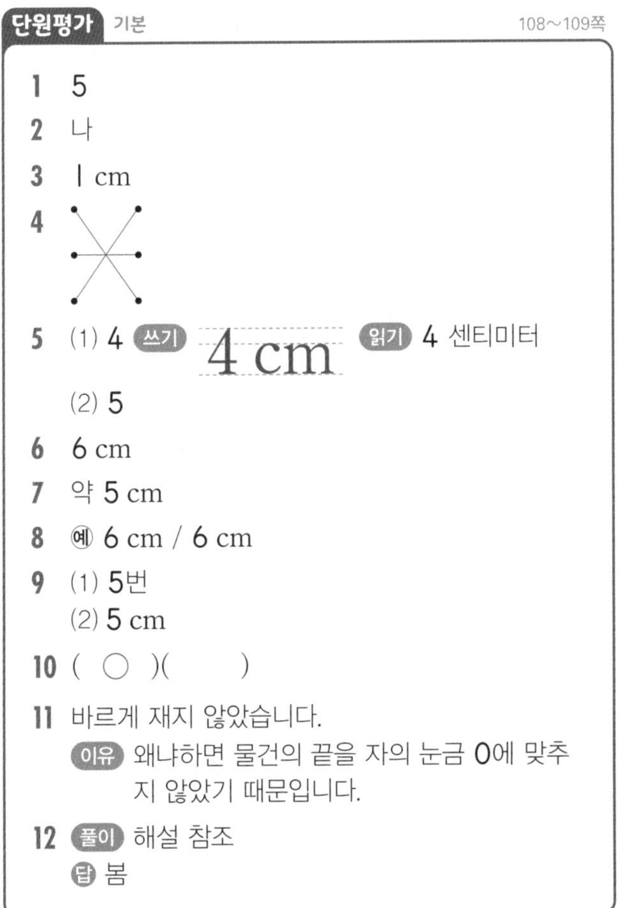

단원평가 기본 108~109쪽

1 5
2 나
3 1 cm
4
5 (1) 4 쓰기 4 cm 읽기 4 센티미터
(2) 5
6 6 cm
7 약 5 cm
8 예 6 cm / 6 cm
9 (1) 5번
(2) 5 cm
10 (○)( )
11 바르게 재지 않았습니다.
이유 왜냐하면 물건의 끝을 자의 눈금 0에 맞추지 않았기 때문입니다.
12 풀이 해설 참조
답 봄

1 색연필의 길이는 클립 5개를 이어 붙인 길이와 같습니다.

2 가는 2뼘, 나는 7뼘, 다는 4뼘이므로 나가 가장 깁니다.

3 자의 그림에서 0~1을 나타내는 단위이므로 1 cm입니다.

7 5 cm에 가깝기 때문에 약 5 cm입니다.

8 5 cm, 7 cm 등으로 6 cm에 가깝게 어림하면 됩니다.

12 예 – 13 cm는 10과 15 중 눈금 15에 더 가깝기 때문에 봄이가 더 가깝게 어림했습니다.
– 13 cm는 15 cm와 2 cm 차이가 나고, 10 cm와 3 cm 차이가 납니다. 따라서 봄이가 실제 길이에 더 가깝게 어림했습니다.

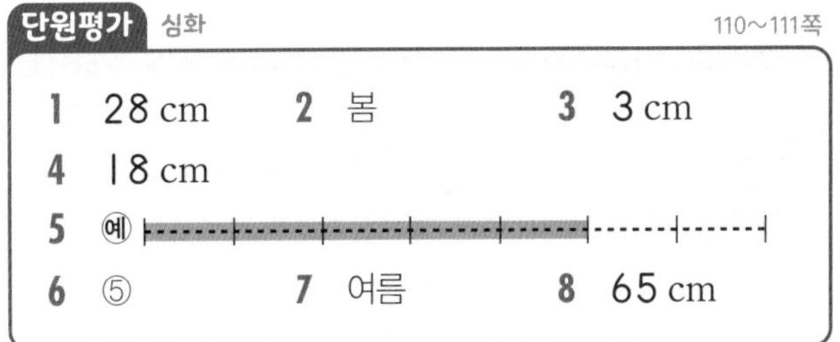

단원평가 심화 110~111쪽

1 28 cm 2 봄 3 3 cm
4 18 cm
5 예
6 ⑤ 7 여름 8 65 cm

2 봄이의 뼘으로 8뼘과 여름이의 뼘으로 9뼘의 길이가 같으므로, 봄이의 뼘이 더 길다는 것을 알 수 있습니다.

3 2부터 5까지 1 cm가 3번 들어가기 때문에 못의 길이는 3 cm입니다.

4 클립이 3 cm이므로 $3+3+3+3+3+3=18$(cm)입니다.

5 5 cm는 1 cm가 5번이므로 5칸을 나타내면 됩니다.

6 물건의 한쪽 끝을 자의 눈금 0에 맞추고, 물건을 자에 붙여야 합니다. 따라서 길이를 바르게 잰 것은 ⑤번입니다.

7 여름이가 50 cm에 가장 가깝게 어림했습니다.

8 가을이의 한 뼘이 13 cm이므로
$13+13+13+13+13=65$ (cm)입니다.

5단원 분류하기

기억하기

114~115쪽

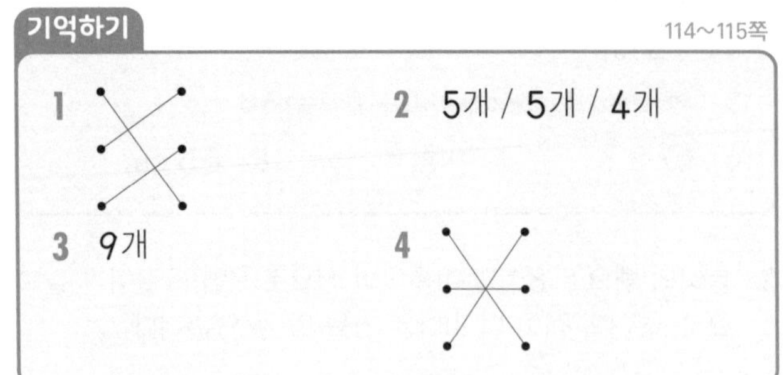

생각열기 ①

116~117쪽

1 (1) 예

큰 책	작은 책
㉠, ㉡, ㉣, ㉤, ㉦, ㉧	㉢, ㉥, ㉨

(2) 예 어느 것을 큰 책이라 하고 어느 것을 작은 책이라고 해야 할지 정확히 알 수 없었습니다.

(3) 예

책의 색깔

파란색	노란색	초록색
㉣, ㉤, ㉨	㉠, ㉡, ㉦	㉢, ㉥, ㉧

책의 모양

원 모양	삼각형 모양	사각형 모양
㉠, ㉥, ㉨	㉢, ㉣, ㉦	㉡, ㉤, ㉧

2 (1) 예

접시의 모양

원 모양	삼각형 모양	사각형 모양	육각형 모양
②, ⑧, ⑩, ⑬	⑤, ⑦, ⑪, ⑮	①, ③, ⑨, ⑯	④, ⑥, ⑫, ⑭

접시의 색깔

빨간색	노란색	파란색	초록색
①, ⑤, ⑧, ⑭	②, ④, ⑪, ⑯	③, ⑥, ⑬, ⑮	⑦, ⑨, ⑩, ⑫

(2) 해설 참조

2 (2) 예 – 접시 모양을 기준으로 분류하면 좋겠습니다. 왜냐하면 모양대로 분류해 놓으면 찾기 편하기 때문입니다.

– 접시 색깔을 기준으로 분류하면 좋겠습니다. 왜냐하면 색깔대로 분류하면 보기에 좋기 때문입니다.

선생님의 참견

분류하기는 왜 필요할까요? 또 아무렇게나 분류해도 될까요? 일상에서 다른 사람과 같이 정리를 할 때 서로 기준이 다르면 어떻게 될까요? 이런 질문에 대한 답을 찾아보세요.

개념활용 ①-1

118~119쪽

1 (1)

활동하는 곳	하늘	땅	물
동물	앵무새, 독수리, 학, 참새	호랑이, 판다, 사슴, 돼지, 사자, 소, 코끼리, 강아지	금붕어, 돌고래, 비단잉어

(2) 예

다리 수

다리 수	0개	2개	4개
동물	금붕어, 돌고래, 비단잉어	앵무새, 독수리, 학, 참새	호랑이, 판다, 사슴, 돼지, 사자, 소, 코끼리, 강아지

날개가 있는 것과 없는 것

	날개가 있는 것	날개가 없는 것
동물	앵무새, 독수리, 학, 참새	호랑이, 금붕어, 판다, 사슴, 돌고래, 돼지, 사자, 소, 비단잉어, 코끼리, 강아지

(3) 해설 참조

2 (1) 예 모양 / 사용하는 곳 / 먹을 수 있는 것과 없는 것 / 굴러가는 것과 굴러가지 않는 것

(2) 예

모양

둥근 기둥 모양	상자 모양	공 모양
작은북, 음료수 캔, 분유 캔, 참치 캔, 풀, 배턴	주사위, 수 모형, 휴지 상자, 택배 상자	축구공, 배구공, 농구공, 테니스공, 비치볼

굴러가는 것과 굴러가지 않는 것

굴러가는 것	굴러가지 않는 것
작은북, 축구공, 음료수 캔, 배구공, 분유 캔, 참치 캔, 농구공, 테니스공, 풀, 배턴, 비치 볼	주사위, 수 모형, 휴지 상자, 택배 상자

(3) 해설 참조

1 (3) 예 분류를 끝내고 남는 동물이 없도록 다리 수, 날개가 있는 것과 없는 것 등 분명한 기준을 정해 분류하는 것이 좋습니다.

2 (3) 예 – 원하는 것을 쉽게 찾을 수 있습니다.
– 물건을 분류하기가 쉽습니다.

개념활용 ❶-2 120~121쪽

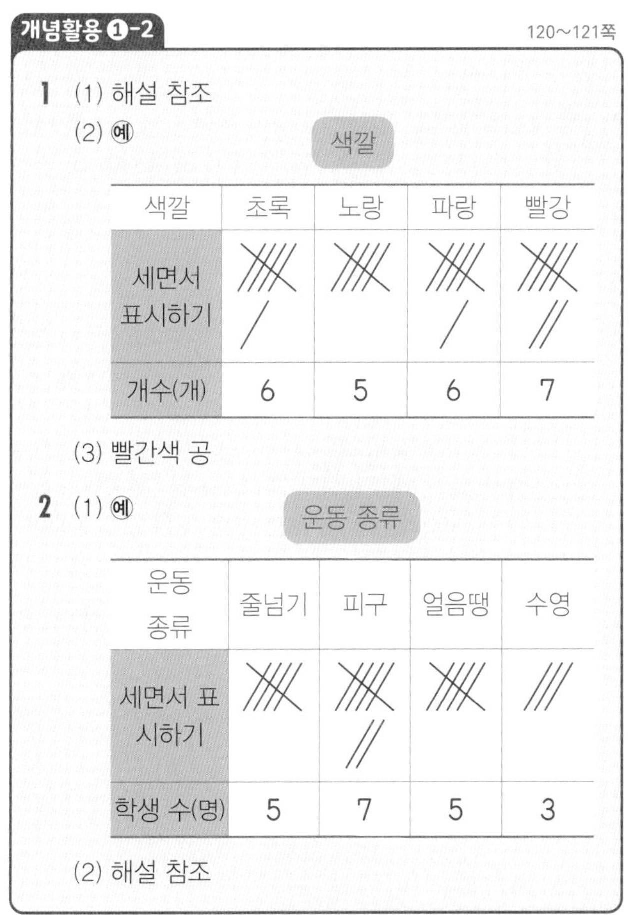

1 (1) 해설 참조

(2) 예

색깔

색깔	초록	노랑	파랑	빨강
세면서 표시하기	卌 /	卌	卌 /	卌 //
개수(개)	6	5	6	7

(3) 빨간색 공

2 (1) 예

운동 종류

운동 종류	줄넘기	피구	얼음땡	수영
세면서 표시하기	卌	卌 //	卌	///
학생 수(명)	5	7	5	3

(2) 해설 참조

1 (1) 예 – 색깔별로 공을 분류하고 수를 셉니다.
– 색깔별로 공을 붙여서 한 줄로 놓으면 줄이 가장 긴 색깔이 가장 많은 것입니다.
– 색깔별로 동시에 1개씩 바구니에서 꺼내면 가장 늦게까지 남아 있는 색깔이 가장 많은 것입니다.

(3) 빨간색 공이 7개로 가장 많습니다.

2 (2) 예 – 피구를 하고 싶은 학생이 7명으로 가장 많습니다.
– 줄넘기를 하고 싶은 학생과 얼음땡을 하고 싶은 학생은 각각 5명으로 같습니다.

표현하기 122~123쪽

스스로 정리

(왼쪽에서부터) 8, 7 / 6, 4, 5

개념 연결

입체도형 분류하기 예 – 상자, 필통, 지우개
– 풀, 연필, 휴지통
– 축구공, 사탕, 구슬

평면도형 분류하기 예 – 색종이, 책
– 옷걸이, 삼각자
– 동전, 도넛, 시계

1 예

구멍의 개수	2개	4개
개수(개)	6	7

모양	□	○
개수(개)	7	6

단추 구멍의 개수나 단추의 모양에 따라 분류할 수 있어.

선생님 놀이

1 요트와 기차에 ○표; 해설 참조

2 (1) 예

다리 수(개)	0	2	4
동물 이름	돌고래, 뱀, 잉어, 상어, 메기, 연어	독수리, 까치, 닭, 기러기, 제비	기린, 말, 호랑이, 코끼리, 돼지
수(마리)	6	5	5

(2) 예

활동하는 곳	물	땅	하늘
동물 이름	돌고래, 잉어, 상어, 메기, 연어	기린, 말, 뱀, 호랑이, 돼지, 닭, 코끼리	독수리, 까치, 제비, 기러기
수(마리)	5	7	4

1 ㉠ 왼쪽은 육지에서 타는 것인데 보트는 물에서 타는 것입니다. 오른쪽은 물에서 타는 것인데 기차는 육지에서 타는 것입니다.

단원평가 기본 124~125쪽

1 모양

2 참외, 망고, 바나나 / 딸기, 사과, 체리, 자두 / 수박, 멜론, 청포도

3 장구, 소고, 꽹과리, 작은북 / 리코더, 플루트, 단소, 오카리나

4

장소	하늘	땅	바다
탈것	비행기, 헬리콥터	승용차, 기차, 오토바이, 트럭, 자전거	요트, 잠수함, 여객선

5

다리 수	0개	2개	4개
동물	금붕어, 뱀, 미꾸라지, 연어	학, 타조, 참새, 독수리	송아지, 강아지, 망아지, 두더지

6 (1) 벚나무
(2) 16그루

7 (1)

종류	회전컵	회전 목마	축제 기차	범퍼카
세면서 표시하기	𝍸	𝍸 //	//	𝍸 /
학생 수 (명)	5	7	2	6

(2) 회전목마
(3) 해설 참조

5 두더지와 독수리를 잘못 분류했습니다. 두더지는 다리가 4개, 독수리는 다리가 2개이므로 두더지는 다리 수가 4개인 동물, 독수리는 2개인 동물로 분류합니다.

7 (3) ㉠ – 놀이 기구마다 재미있었다고 답한 학생 수를 알 수 있습니다.
– 재미있었다고 답한 학생이 가장 많은 놀이 기구가 무엇인지 알 수 있습니다.
– 학생 수에 따라 놀이 기구 순위를 매겨 볼 수 있습니다.

단원평가 심화 126~127쪽

1 분류 기준 모양 또는 색깔
이유 해설 참조

2 (1) 코알라, 코알라, 토끼(순서가 바뀌어도 됩니다.) / 5
(2) 해설 참조

3 (1)

날씨	맑은 날	흐린 날	비온 날
세면서 표시하기	𝍸 𝍸	𝍸 ////	𝍸 /
날수(일)	10	9	6

(2) 맑은 날
(3) 11일 / 해설 참조

4 연예인

1 ㉠ – 모양으로 분류해 놓으면 나중에 사용할 때 편리합니다.
– 색깔별로 분류해 놓으면 색깔에 따라 모양을 찾기가 편합니다.

2 (2) ㉠ 동물 종류를 써 놓은 표에서 동물에 따라 수를 세었더니 코알라 5, 토끼 4, 원숭이 3, 호랑이 5, 빈칸 3입니다. 아래 표를 보고 코알라를 2번 더 써넣고, 남은 빈칸에 토끼를 써넣으면 토끼의 수는 5가 됩니다.

3 (3) ㉠ 비 온 날은 모두 11일입니다. 6월 26일부터 6월 30일까지는 모두 5일이고, 비 온 날이 가장 많으려면 맑은 날 10일보다 날수가 더 많아야 합니다. 비 온 날이 6일이므로 10일보다 많으려면 남은 5일 모두 비가 와야 합니다. 따라서 6월 26일부터 6월 30일까지 매일 비가 오면 비 온 날은 모두 11일이 됩니다.

4 표를 보면 선생님 7, 의사 5, 연예인 9, 정치인 3으로, 연예인을 희망한 학생이 가장 많습니다.

6단원 곱셈

기억하기 130~131쪽

1 쓰기 70 읽기 칠십, 일흔
2 (1) 26, 27, 28
(2) 33, 34, 35, 36, 37
3 / 6, 8, 14
4 (1) 15
(2) 14
(3) 13
5 (1) 23
(2) 36
(3) 57

생각열기 ① 132~133쪽

1 (1) 15송이 / 해설 참조
(2) 25송이 / 해설 참조
2 (1) 24송이 / 14송이 / 18송이
(2), (3) 해설 참조

1 (1) 예 – 하나, 둘, 셋, 넷 …… 열다섯, 이렇게 차례대로 세었습니다.
– 3송이씩 묶어 세었습니다. 3, 6, 9, 12, 15송이입니다.
– 5송이씩 묶어 세었습니다. 5, 10, 15송이입니다.
– 10송이를 묶었습니다. 10송이에 5송이가 더 있습니다.
(2) 예 – 5송이씩 묶어 세었습니다. 5, 10, 15, 20, 25송이입니다.
– 하나, 둘, 셋, 넷 … 스물다섯, 이렇게 차례대로 세었습니다.
– 3송이씩 묶어 세었습니다. 3, 6, 9, 12, 15, 18, 21, 24송이에 1송이가 더 있어서 25송이입니다.
– 10송이씩 묶어 세었습니다. 10, 20송이에 5송이가 더 있습니다.

2 (2), (3) 예 – 하나, 둘, 셋, 넷 ……과 같이 차례대로 세었습니다.
– 튤립은 4송이씩 묶어서 세고, 나팔꽃은 7송이씩, 카네이션은 6송이씩 묶어서 세었습니다.
– 튤립을 5송이씩 묶어서 셀 수 있습니다. 5, 10, 15, 20송이에 4송이가 더 있으므로 24송이입니다. 나팔꽃을 5송이씩 묶어서 셀 수 있습니다. 5, 10송이에 4송이가 더 있으므로 14송이입니다. 카네이션을 5송이씩 묶어서 셀 수 있습니다. 5, 10, 15송이에 3송이가 더 있으므로 18송이입니다.
– 튤립을 2씩 또는 3씩 묶어서 셀 수 있습니다.

선생님의 참견
물건을 세는 활동을 해요. 개수가 많아지면 하나씩 세는 것에 어려움을 느끼게 되므로 묶어서 세는 방법을 생각해요.

개념활용 ❶-1 134~135쪽

1 (1) 예 / 5
(2) 해설 참조
2 (1) 예 / 6
(2) 9, 12, 15, 18
3 (1) 4, 12
(2) 3, 12
(3) 2, 12
(4) 9, 12, 12
4 (1) 예 /
예 도넛은 4개씩 6묶음으로 모두 24개입니다.
(2) /
예 병은 5개씩 7묶음으로 모두 35개입니다.

1 (2) 예 - 20개입니다.
- 4씩 5묶음은 20입니다.
- 4, 8, 12, 16, 20입니다.
- 2개씩 10묶음은 20입니다.

2 (2) 3개씩 뛰어 세기를 합니다. 뛰어 세기를 할 때마다 3씩 더하게 됩니다.

4 (1) 예 - 도넛은 6개씩 4줄로 모두 24개입니다.
- 도넛은 4개씩 6줄로 모두 24개입니다.
- 도넛은 4-8-12-16-20-24로 모두 24개입니다.
- 도넛은 6-12-18-24로 모두 24개입니다.
- 도넛은 6개씩 4묶음으로 모두 24개입니다.

(2) 예 - 병은 5개씩 7줄로 모두 35개입니다.
- 병은 5-10-20-25-35로 모두 35개입니다.
- 병은 7개씩 5묶음으로 모두 35개입니다.
- 병은 7개씩 5줄로 모두 35개입니다.
- 병은 7-14-21-28-35로 모두 35개입니다.

개념활용 ❶-2 136~137쪽

1 (1) 3의 4배는 12입니다.
(2) 4의 5배는 20입니다.
(3) 3의 6배는 18입니다.
2 (1) 2, 4
(2) 2, 4
(3) 2, 2, 2, 2, 8
3 (위에서부터) 21 / 3, 7 또는 7, 3 / 3, 7 또는 7, 3 / 3, 7 또는 7, 3 / 3, 3, 3, 3, 3, 3, 3, 21
4 (1), (2) 해설 참조
(3) 예 몇씩 몇 묶음, 몇의 몇 배라는 말을 사용할 수 있습니다.

4 (1) 예 9마리씩 3줄 / 9의 3배 / 9씩 3묶음 / 3마리씩 9줄 / 3씩 9묶음 / 3의 9배
(2) 예 6개씩 5줄 / 6의 5배 / 6씩 5묶음 / 5개씩 6줄 / 5씩 6묶음 / 5의 6배
(3) 사람, 동물, 물건과 같이 세는 것이 달라지면 몇 명씩, 몇 마리씩, 몇 개씩과 같이 다른 말을 사용해야 합니다.

개념활용 ❶-3 138~139쪽

1 (1) 4, 5
(2) 4의 5배
(3) 4, 4, 4, 4, 4, 20
(4) 4, 5, 20
2 (1) 덧셈식 $6+6+6+6+6=30$
곱셈식 $6\times5=30$
(2) 덧셈식 $3+3+3+3+3+3+3+3=24$ 또는 $8+8+8=24$
곱셈식 $3\times8=24$ 또는 $8\times3=24$
3 해설 참조
4 6, 7, 42 /  / 48

3 예 7씩 6묶음 / 7의 6배 / 7+7+7+7+7+7 / 7개씩 6묶음 / 7씩 6줄 / 7×6 / 6씩 7묶음 / 6의 7배 / 6+6+6+6+6+6+6 / 6개씩 7묶음 / 6씩 7줄 / 6×7

표현하기 140~141쪽

스스로 정리
- 6, 6, 6, 6
- 6, 6, 6, 6 / 6, 4
- 6, 4, 24 / 6 곱하기 4는 24와 같습니다

개념 연결

덧셈하기	12 / 15 / 58
뛰어 세기	12, 16, 20, 24, 28 / 20, 40, 50, 60, 70

1 예 바퀴의 수를 덧셈식으로 나타내면 4+4+4+4+4+4+4이고 그 합은 뛰어 세기로 4, 8, 12, 16, 20, 24, 28이야. 또 곱셈식으로 쓰면 4×7이고 그 결과는 28이야.

선생님 놀이

1 덧셈식 $5+5+5+5+5+5=30$
곱셈식 $5\times6=30$

예 색연필의 개수를 덧셈식으로 나타내면 5+5+5+5+5+5이고 그 합은 뛰어 세기로 5, 10, 15, 20, 25, 30입니다. 곱셈식으로 나타내면 5×6=30입니다.

2 ② / 예 덧셈식으로 나타내면 6을 8번 더해야 하므로 6+6+6+6+6+6+6+6입니다.

단원평가 기본

142~143쪽

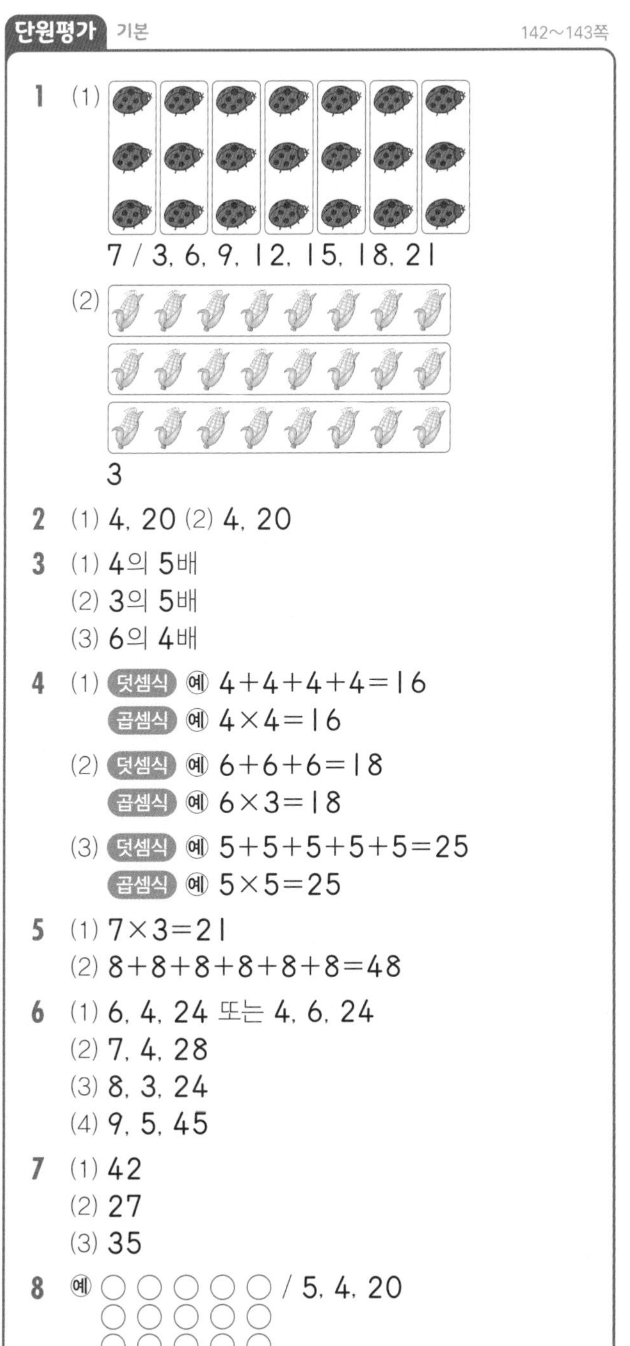

1 (1) 7 / 3, 6, 9, 12, 15, 18, 21

(2) 3

2 (1) 4, 20 (2) 4, 20

3 (1) 4의 5배
(2) 3의 5배
(3) 6의 4배

4 (1) 덧셈식 예 4+4+4+4=16
곱셈식 예 4×4=16
(2) 덧셈식 예 6+6+6=18
곱셈식 예 6×3=18
(3) 덧셈식 예 5+5+5+5+5=25
곱셈식 예 5×5=25

5 (1) 7×3=21
(2) 8+8+8+8+8+8=48

6 (1) 6, 4, 24 또는 4, 6, 24
(2) 7, 4, 28
(3) 8, 3, 24
(4) 9, 5, 45

7 (1) 42
(2) 27
(3) 35

8 예 ○○○○○ / 5, 4, 20
○○○○○
○○○○○
○○○○○

9 해설 참조

4 (1) 예 2+2+2+2+2+2+2+2=16
2×8=16
(2) 예 3+3+3+3+3+3=18
3×6=18

8 예 4, 5, 20

9 예 – 그림 곱셈식 3×5=15 또는 5×3=15
– 꽃 곱셈식 6×2=12
– 책 곱셈식 5×4=20
– 빵 곱셈식 2×5=10

단원평가 심화

144~145쪽

1 예 3, 5, 15 / ○○○○○
○○○○○
○○○○○

2 해설 참조

3 해설 참조

4 곱셈식 8×5=40 또는 5×8=40 / 40마리

5 곱셈식 6×6=36 / 36개

6 30쪽 / 28쪽

2 예 – 빨간색 모형은 파란색 모형보다 8개 더 많습니다.
– 파란색 모형 4개의 3배는 빨간색 모형 12개입니다.
– 빨간색 모형의 수는 파란색 모형의 수의 3배입니다.
– 4의 3배는 12입니다.
– 파란색 모형의 수의 3배는 빨간색 모형의 수입니다.
– 파란색 모형은 4씩 1묶음으로 4개이고, 빨간색 모형은 4씩 3묶음으로 12개입니다.

3 예 먼저 4마리씩 6묶음은 4×6=24입니다.
4-8-12-16-20-24이기 때문입니다.
그다음, 7마리씩 3묶음은 7×3=21입니다.
7-14-21이기 때문입니다.
또, 3마리씩 5묶음은 3×5=15입니다.
3-6-9-12-15이기 때문입니다.
따라서 펭귄은 모두 60마리입니다.

5 한 상자에 6개씩 들어 있고, 모두 6상자입니다. 6씩 6묶음이고, 6의 6배이므로 6×6=36입니다. 사과는 모두 36개입니다.

6 가을: 6×5=30 /
6씩 5묶음은 6-12-18-24-30입니다.
여름: 7×4=28 /
7씩 4묶음은 7-14-21-28입니다.

수학의 미래
초등 2-1

지은이 | 전국수학교사모임 미래수학교과서팀

초판 1쇄 인쇄일 2020년 12월 15일
초판 1쇄 발행일 2020년 12월 24일

발행인 | 한상준
편집 | 김민정 강탁준 손지원 송승민
삽화 | 조경규 홍카툰
디자인 | 디자인비따 한서기획 김미숙
마케팅 | 강점원
관리 | 김혜진

발행처 | 비아에듀(ViaEdu Publisher)
출판등록 | 제313-2007-218호
주소 | 서울시 마포구 월드컵북로6길 97 2층
전화 | 02-334-6123 홈페이지 | viabook.kr
전자우편 | crm@viabook.kr

ISBN 979-11-91019-11-7 64410
ISBN 979-11-91019-08-7 (전12권)